21世纪高等院校智慧健康养老服务与管理专业规划教材

老年人心理特征及其护理

主　编　◎孟令君　成　彦
副主编　◎陈立新
参　编　◎张文玉　高丛丽　闫子璇

北京大学出版社
PEKING UNIVERSITY PRESS

图书在版编目(CIP)数据

老年人心理特征及其护理/孟令君,成彦主编.—北京：北京大学出版社,2022.9
21世纪高等院校智慧健康养老服务与管理专业规划教材
ISBN 978-7-301-33349-5

Ⅰ.①老… Ⅱ.①孟…②成… Ⅲ.①老年人–心理保健–高等学校–教材 Ⅳ.①B844.4②R161.7

中国版本图书馆CIP数据核字(2022)第170113号

书　　名	老年人心理特征及其护理 LAONIANREN XINLI TEZHENG JIQI HULI
著作责任者	孟令君　成　彦　主编
策划编辑	桂　春
责任编辑	吴坤娟
标准书号	ISBN 978-7-301-33349-5
出版发行	北京大学出版社
地　　址	北京市海淀区成府路205号　100871
网　　址	http://www.pup.cn　　新浪微博：@北京大学出版社
电子邮箱	编辑部 zyjy@pup.cn　总编室 zpup@pup.cn
电　　话	邮购部 010-62752015　发行部 010-62750672　编辑部 010-62756923
印　刷　者	河北文福旺印刷有限公司
经　销　者	新华书店
	787毫米×1092毫米　16开本　12.75印张　300千字 2022年9月第1版　2024年8月第3次印刷
定　　价	45.00元

未经许可，不得以任何方式复制或抄袭本书之部分或全部内容。
版权所有，侵权必究
举报电话：010-62752024　电子邮箱：fd@pup.cn
图书如有印装质量问题，请与出版部联系，电话：010-62756370

前　言

随着社会的发展,老龄化已成为一个重要的世界性议题。老年期是人生的一个特殊时期,其生理、心理均有明显变化,易患各种疾病,因此了解老年期的变化特点,在临床护理过程中为其提供及时的专业化服务,能提高老年人的生活质量,使其安度晚年生活。通过学习老年护理心理学,首先可以帮助我们加深对老年人的了解,认识到为什么老年人会出现某些情绪或行为,这些情绪和行为背后究竟隐藏着什么样的心理活动,老年人的个性、脾气等特征又是如何形成的,等等。我们也可以把所学到的老年人心理活动规律运用到对老年人的临床护理和日常照护活动中,通过他人的情绪和行为现象推断其内在的心理活动,从而为老年人提供更加专业、高效、优质的护理服务。

作为反映中高职教育教学改革理念的实用教材,本教材对相关知识点进行了模块化梳理,其中"模块一"至"模块六"就临床护理过程中老年人常见心理现象和问题进行了系统的介绍和分析,并就如何对这些问题和现象进行观察、初步评估和初步诊断进行了介绍。模块七"老年人心理护理的方法及通用技巧"在借鉴了临床心理学、心理咨询与治疗及社会工作实务方法和技巧的基础上,对老年人心理护理过程中的方法和技术进行了梳理。模块八则从护理人员心理健康维护的角度,就应对职业压力的策略和技巧进行了介绍。

在本教材的编写过程中,编者力求生动明了,注重知识传递的实用性和有效性,每一模块都设置了"情境导入""专栏"并附有思考问题,用以补充一些相关知识、案例和运用性材料,帮助学生理解学习内容。同时,为了更好地实现理实一体化教学思想,在每一模块后,都设计了"实训任务"教学项目,以帮助教师更好地引导学生将知识的学习融入实践。本教材每一模块篇末都备有大量的、类型多样的思考题,用以帮助学习者检查自己的学习效果,提高学习质量。此外,教材附录部分附有一些心理测量量表,学生可在教师的指导下,结合相关模块的知识内容学习使用。

本教材模块一"老年人的认知特点及护理中的应对"、模块二"老年人的情绪特点及护理中的应对"的编写工作由陈立新完成;模块三"老年人的个性特点及护理中的应对"、模块四"老年人的社会心理特点及护理中的应对"、模块七"老年人心理护理的方法及通用技巧"的编写工作由成彦完成;模块五"老年人心身疾病及护理中的应对"的编写工作由张文玉、成彦合作完成;模块六"老年人临终关怀与心理护理"的编写工作由高丛丽完成;模块八"护理人员的心理健康与维护"的编写工作由闫子璇完成。两位主编负责制订教材的编写方案和编写大纲、提供样章和通稿,副主编协助主编进行组稿和统稿。

本教材可作为中职、高职高专院校相关专业学生的专业教材。编者在撰写本书过程中,参阅了大量的相关资料,吸收了心理学、社会学、管理学等方面专家的研究成果,在此特表示感谢。

由于编写时间紧,书中诸多内容未经深入的探究,仍有值得商榷的地方,期望广大读者提出意见并批评指正。

目 录

模块一　老年人的认知特点及护理中的应对 ……………………………… (1)
　　任务一　了解老年人感觉、知觉特点，掌握应对方法 ………………… (3)
　　任务二　了解老年人记忆和智力特点，掌握应对方法 ………………… (15)
　　任务三　掌握认知症的心理护理方法 …………………………………… (18)

模块二　老年人的情绪特点及护理中的应对 ……………………………… (23)
　　任务一　认知老年人的情绪特点 ………………………………………… (25)
　　任务二　了解老年人常见的情绪问题及成因 …………………………… (27)
　　任务三　掌握老年焦虑症和老年抑郁症的心理护理方法 ……………… (36)

模块三　老年人的个性特点及护理中的应对 ……………………………… (43)
　　任务一　了解老年人的个性 ……………………………………………… (45)
　　任务二　知晓老年人常见个性问题的成因及临床表现 ………………… (52)
　　任务三　掌握老年人常见个性问题的心理护理方法 …………………… (58)

模块四　老年人的社会心理特点及护理中的应对 ………………………… (65)
　　任务一　了解老年人的自我意识与社会态度 …………………………… (67)
　　任务二　知晓老年人常见的社会心理问题及其成因 …………………… (80)
　　任务三　掌握老年人常见社会心理问题的心理护理方法 ……………… (86)

模块五　老年人心身疾病及护理中的应对 ………………………………… (93)
　　任务一　了解老年人心身疾病的类型及成因 …………………………… (95)
　　任务二　熟知老年人常见心身疾病的心理护理 ………………………… (106)

模块六　老年人临终关怀与心理护理 ……………………………………… (117)
　　任务一　掌握对临终老人的心理护理方法 ……………………………… (119)
　　任务二　掌握对临终老人亲属的心理支持与哀伤辅导方法 …………… (131)

模块七　老年人心理护理的方法及通用技巧 ……………………………… (139)
　　任务一　了解老年人心理护理方法 ……………………………………… (141)
　　任务二　掌握老年人心理护理的一般程序与常用的沟通技巧 ………… (150)

模块八　护理人员的心理健康与维护 ……………………………………… (159)
　　任务一　了解护理人员的心理健康特征及影响因素 …………………… (161)
　　任务二　掌握维护护理人员心理健康的策略和方法 …………………… (170)

附录1　焦虑自评量表(Self-Rating Anxiety Scale, SAS) ……………… (178)
附录2　自我意识量表(Self-Consciousness Scale, SCS) ……………… (179)

附录 3　生活事件量表(Life Event Scale, LES) ·· (180)
附录 4　匹兹堡睡眠质量指数量表
　　　　(Pittsburgh Sleep Quality Index, PSQI) ·· (184)
附录 5　症状自评量表(Self-Reporting Inventory) ··· (187)
附录 6　压力放松训练指导 ·· (193)
参考文献 ·· (196)

模块一

老年人的认知特点及护理中的应对

学习目标

1. 了解老年人感觉、知觉的变化特点。
2. 了解老年人记忆和智力的变化特点。
3. 掌握认知症的心理护理方法。

- ◆ 任务一　了解老年人感觉、知觉特点，掌握应对方法
- ◆ 任务二　了解老年人记忆和智力特点，掌握应对方法
- ◆ 任务三　掌握认知症的心理护理方法

情境导入

乐观的老人变沉默了

梁大爷今年快70岁了,近来,家人发现原本乐观开朗的梁大爷性格发生了变化:他有时沉默寡言,有时脾气暴躁,有意疏远别人。女儿带他到医院检查发现,梁大爷听力下降较为严重,医生建议他佩戴助听器。原来,梁大爷一直都有耳背的毛病,最近他的耳背加重了,听不清家人在说些什么,这让他十分痛苦。有梁大爷这种情况的老年人并不少见,主要表现为:当别人说话时常打岔,看电视将声音开得很大,不愿意与人交往。

问题讨论:

1. 老年人听力下降对他们的日常生活有哪些影响?
2. 老年人听力下降对他们的心理健康有什么影响?

任务一 了解老年人感觉、知觉特点,掌握应对方法

认知是人们获得知识或应用知识的过程或加工信息的过程,这是人的最基本的心理过程。它包括感觉、知觉、记忆、智力和言语等。人对世界的认识始于感觉和知觉,感觉和知觉是一切高级和复杂心理活动的基础。

一、老年人感觉的特点

(一)感觉概述

1. 什么是感觉

感觉是指客观事物直接作用于感觉器官,经过神经系统的信息加工所产生的对客观事物个别属性的反映。感觉提供了内外部环境的信息,保证了机体与环境的信息平衡,是人的全部心理现象的基础。没有感觉,环境中的信息就不可能进入人脑,也就不可能有记忆、思维、想象、情感和意志等心理过程,更不会形成能力、气质和性格等个性心理。

感觉分为外部感觉和内部感觉。外部感觉是个体对外部刺激的觉察,反映外界事物属性,主要包括视觉、听觉、嗅觉、味觉、皮肤感觉。内部感觉是个体对内部刺激的觉察,主要包括机体觉、平衡觉和运动觉,这类感觉的感受器位于内脏器官和身体组织内。

感觉之间具有补偿作用,某种感觉缺失之后,可以由其他感觉来弥补的现象称为不同感觉之间的补偿作用。如盲人失去了视觉机能,可以通过听觉、皮肤感觉来了解周围环境。聋哑人只要发音器官正常,可以"以目代耳"学会看话,甚至可以学会"讲话"。某种感觉器官有缺陷的人,由于生活和劳动的需要,经过特殊的训练和锻炼,可以使其未损伤的感觉器官的感受性得到极大的提高和发展,使感觉的缺陷获得补偿。

2. 感受性和感觉阈限

感受性是指对刺激物的感觉能力,感觉阈限是指引起某种感觉的刺激量。感受性表示主观感觉的能力,感受性是以感觉阈限的大小来度量的。人的感官只对一定范围内的刺激做出反应。人的感觉能力高低不同,一个微弱的刺激,有的人能感觉到,有的人感觉不到。人的每一种感觉都有两种感受性和感觉阈限,即绝对感受性和绝对感觉阈限,差别感受性和差别感觉阈限。

绝对感受性是指刚刚能觉察出最小刺激强度的能力。绝对感觉阈限是用来度量绝对感受性的指标,是指刚刚能引起感觉的最小刺激量。绝对感觉阈限的值越小,绝对感受性就越强;反之,绝对感受性就越弱。绝对感受性与绝对感觉阈限在数值上成反比关系。各种感觉的绝对阈限不同,同一感觉的绝对阈限也会因人而异。人类重要感觉的绝对阈限近似值如表1-1所示。

表1-1　人类重要感觉的绝对阈限近似值

感觉类别	绝对阈限
视觉	晴朗的黑夜中48.28千米外的烛光
听觉	静室内6米外表的嘀嗒声
味觉	7.57升水中加一匙糖,可以辨别出甜味
嗅觉	一滴香水弥散在三个房间的香味
触觉	一片蜜蜂翅膀从一厘米外落在面颊上,可察觉出其存在
温度觉	皮肤表面温度有摄氏一度之差即可觉察

能引起感觉的刺激,如果在强度上发生了变化,我们的感觉却不一定随之变化。差别感受性是指刚刚能够区别出同类刺激的最小差异量的能力。差别感觉阈限是指刚刚能引起差别感觉所需的同类刺激的最小差别量。差别感受性是用差别感受阈限来度量的,两者之间成反比关系。能够区别出的差异量越小,则差别感受性越强;反之,则差别感受性越弱。例如,在100克重量的基础上如果只增加1克的重量,我们觉察不出两者在感觉上的差异,只有当变化达到一定的程度时,才能够感觉出前后的刺激强度的最小差异。在100克重量的基础上增加3克,我们能觉察出重量感觉的差异,这里的3克就是差别感觉阈限。德国生理学家韦伯(E.H.Weber)在1934年的研究中指出,在中等刺激强度的范围内,每一种感觉的差别阈限都是一个相对的常数,也叫韦伯常数。不同感觉的韦伯常数如表1-2所示。

表1-2　不同感觉的韦伯常数

感觉类型	韦伯常数
视觉(对亮度差异的辨别)	1/60
动觉(对重量差异的辨别)	1/50
痛觉(对皮肤灼疼刺激强度的辨别)	1/30
听觉(对声音高低差异的辨别)	1/10
触觉(皮肤表面对压力大小差异的辨别)	1/7
嗅觉(对天然橡胶气味差异的辨别)	1/4
味觉(对盐量咸度差异的辨别)	1/3

(二) 老年人的视觉

1. 眼的结构与功能

眼的主要部分是眼球,眼球由眼球壁和眼球的内容物构成。眼球壁从外向内分为外膜、中膜和内膜三层。眼球内容物包括房水、晶状体和玻璃体。图1-1所示是眼的结构。

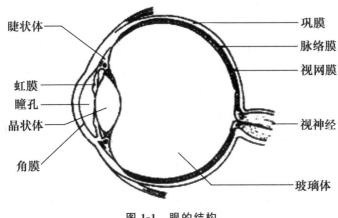

图1-1 眼的结构

外膜前面有无色透明的角膜,后面有白色坚韧的巩膜。角膜呈碗状,是无色透明的,对光线有汇聚和折射的作用。角膜上没有毛细血管,但有丰富的触感神经,有预警和保护眼睛的作用。

中膜由虹膜、睫状体和脉络膜组成,为眼球血管膜,内含血管和色素,营养眼球,使眼球内部形成屏蔽光线的暗箱,有利于光色感应。虹膜,俗称黑眼球,内含色素的数量和分布情况决定了虹膜的颜色,可呈棕黑色、蓝色或灰色等,且因人种而异。

内膜为视网膜,从前向后分为视网膜虹膜部、睫状体部和视部三部分。前两部分别附于虹膜和睫状体内面,无神经成分,不感光,称为视网膜盲部;视部附于脉络膜内面,后连视神经,前达锯状缘,与盲部相接,是神经组织膜,有感光作用。

眼球内容物包括房水、晶状体和玻璃体,通常与角膜一起统称为眼的屈光间质,特点是透明、无血管,具有一定的屈光指数,保证光线通过。房水在角膜后面与虹膜和晶状体前面之间的空隙叫前房;在虹膜后面,睫状体和晶状体赤道部之间的环形间隙叫后房。充满前后房的透明液体叫房水,供给眼内组织,尤其是角膜、晶状体营养和氧气,并排出其新陈代谢物。房水还有维持眼内压和屈光作用。晶状体是一个双凸透镜状的富于弹性的透明体,位于虹膜、瞳孔之后,玻璃体之前,借晶状体悬韧带与睫状体联系。晶状体透明、无血管,是重要的屈光间质。晶状体具有弹性,借助于睫状肌、悬韧带的作用改变其屈光力,从而具有调节能力。随着年龄的增长,晶状体变硬,弹性减弱,导致其调节能力

减退,出现老视。玻璃体占眼球内部面积的3/4,对整个眼球起支撑作用,玻璃体也是无色透明的,对光线起汇聚和折射作用,它是由98.5%的水、盐、少量脂肪和透明质酸组成的。

2. 视觉的形成

外界光线透过角膜和透明的内容物发生折射,在眼底视网膜上聚焦成像,再经视细胞的感光,把光能转变成神经冲动,经视神经、视传导道传入脑的视觉中枢,产生视觉。

视网膜存在两种感光细胞:视锥细胞与视杆细胞。视锥细胞在中央凹分布密集,而在视网膜周边区相对较少。夜间活动的动物(如鼠)视网膜的光感受器以视杆细胞为主,而昼间活动的动物(如鸡、松鼠等)视网膜的光感受器则以视锥细胞为主。但大多数脊椎动物(包括人)则两者兼而有之。视杆细胞在光线较暗时活动,有较高的光敏度,但不能做精细的空间分辨,且不参与色觉。在较明亮的环境中以视锥细胞为主,它能提供色觉以及精细视觉。在人的视网膜中,视锥细胞约有600万~800万个,视杆细胞总数达1亿个以上。其分布是不均匀的,在视网膜黄斑部位的中央凹区,几乎只有视锥细胞。这一区域有很高的空间分辨能力,它还有良好的色觉,这对于视觉最为重要。中央凹以外的区域,两种细胞兼有,离中央凹越远,视杆细胞越多,视锥细胞越少。在视神经离开视网膜的部位(乳头),由于没有任何光感受器,便形成盲点。

视觉适应可以分为明适应和暗适应。明适应是指人从暗处进入明处时,最初的瞬间会觉得耀眼发眩,什么都看不清,几秒钟后,由于视觉器官对强光感受性的降低,视觉恢复正常的现象。例如,从黑暗的电影院走到阳光下,便有这种明适应的过程。暗适应是指人从亮处进入暗处,开始什么也看不见,经过相当的时间,视觉逐渐恢复的现象。例如,从明亮的阳光下进入已关灯的电影院时,开始什么也看不见,若干时间后,便能分辨出物体的轮廓,不再是一片漆黑,这是弱光持续刺激眼,提高了视觉感受性。

3. 老年人视觉的特点

(1) 老花眼和眼病。老花眼是指随着年龄增长,眼球晶状体逐渐硬化、增厚,眼部肌肉的调节能力减退,导致变焦能力降低,看近物时,由于影像投射在视网膜时无法完全聚焦,看近距离的物体就会变得模糊不清。老年人读书看报时常常将书报拿得远远的,或者需佩戴老花镜才能看清楚。老花眼的发生和发展与年龄直接相关,其发生迟早和严重程度还与其他因素有关,如原本的屈光不正状况、身高、阅读习惯、照明情况以及全身健康状况等因素。但是,即使注意保护眼睛,眼睛老花的度数也会随着年龄增长而增加。为了能更好地帮助老年人克服视觉变化带来的生活困难,应经常给老年人检查视力,以便佩戴适合的眼镜,及时校正变化着的视力。

各种眼病也是导致老年人视力下降的重要原因,如白内障、黄斑病变、视网膜脱离、糖尿病性视网膜病变等。

模块一 老年人的认知特点及护理中的应对

专栏 1-1

患白内障的103岁老人成功复明

103岁的李奶奶,几年前双眼视力开始逐渐下降,近两年,她的右眼看东西越来越模糊,左眼已经看不见任何物体,只能在家拄着拐杖摸索着活动。儿子带着她到几家医院就诊,均被确诊为白内障。李奶奶术前视力只有手动光感,术后已经能看到视力表的第二行至第三行(相当于0.2视力),而且视力还有很大提升和恢复的可能性。李奶奶术后又能看见东西了,不仅恢复得很好,而且心情也非常愉悦。

思考:老年人视觉变化对他们的心理健康有什么影响?

(2)颜色辨别能力降低。随着对光感受性的降低,老年人对颜色的辨别能力也较年轻人低,而且对不同颜色辨别能力降低的程度也不等,对蓝色、绿色的辨别能力比对红色、黄色的辨别能力下降得更明显。由于老年人的晶状体变黄,滤去了短波光线,因而蓝色、绿色、紫色褪色最多,红色褪色最少,因此设置交通标志标线的颜色时要充分考虑这一因素。护理人员要注意,老年用品或报刊的标记或文字应更加醒目,目标和背景对比度和色泽应很明显,房间照明或阅读照明要充分等。

(3)视觉适应能力和调节能力下降。老年人对弱光和强光的敏感性明显降低。视觉适应能力中的暗适应降低,会导致老年人夜间外出活动变少。对复杂视觉信息的认知,老年人的反应变慢。护理人员要特别注意,由于老年人眼睛的调节能力降低,老年人上下台阶时对空间关系判断不准确,所以常易摔倒。

(三)老年人的听觉

1. 耳的结构和功能

耳由外耳、中耳和内耳三部分组成,如图1-2所示。外耳包括耳郭、外耳道。耳郭有收集声波的作用。外耳道是外界声波传入中耳的通道,它的皮肤里有耳毛和一些腺体。中耳有鼓膜、鼓室和咽鼓管等结构。鼓膜为椭圆形半透明的薄膜,将外耳道和中耳分隔,在声波的作用下,能产生振动。内耳有半规管、前庭和耳蜗等结构。半规管和前庭内有感受头部位置变动的位觉(平衡觉)感受器,前者感受旋转感觉,后者感受位置感觉和变速感觉。

2. 听觉的形成

声波通过外耳的空气导入,作用于鼓膜,引起鼓膜振动,再经中耳的听小骨传入内耳。由空气传导的声波转变为由内耳淋巴液传导的声波,淋巴液的振动引起基底膜的振动,使基底膜上的毛细胞受到刺激产生兴奋,通过听神经传至大脑,引起听觉。

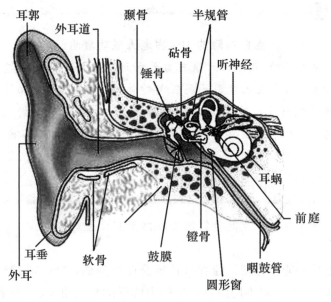

图 1-2 耳的结构

听觉的适宜刺激是物体振动所发出的声波。最适宜的条件下,人耳可听到的声音频率范围为 20～20 000 赫兹,这个频率范围的声音通常称为可闻声。外耳和中耳具有传导声波的作用,这些部位发生病变引起的听力减退,称为传导性耳聋,如慢性中耳炎所引起的听力减退。内耳及听神经部位发生病变所引起的听力减退,称为神经性耳聋。某些药物(如链霉素)可损伤听神经而引起耳鸣、耳聋,故使用这些药物时要慎重。

3. 老年人听觉的特点

老年人对声音感受性和敏感性持续下降,表现出生理性听觉减退乃至耳背和耳聋。

(1) 听觉减退。老年人对不同音高的听力下降是不同的。随着年龄的增长,老年人对高音的听力下降是最明显的,对低音部分的听力变化则不明显;女性老年人和男性老年人相比下降得更轻些。男性老年人对 4 000 赫兹以上的声音听力明显下降,而女性老年人对 6 000～8 000 赫兹以上的声音才出现明显的听力下降。老年人的高音听力比低音听力衰退得更显著,这就是老年人更喜欢听中音和低音音乐的原因所在。

老年人听觉功能的变化,直接影响他们的言语知觉能力和理解能力。老年人对声音的辨别能力也在减弱,特别是在不良听觉条件下或有噪声背景的情况下。在日常生活中,老年人和他人一起看电视,旁边有人闲谈时,老年人对电视情节的理解能力往往会下降。护理人员和老年人讲话时必须大声慢讲,周围应尽可能没有其他噪声的干扰。

(2) 耳背和耳聋。老年人耳背即指听觉不灵,引起耳背的原因主要有遗传性因素,长期接触噪声,不良的饮食习惯,有全身性疾病(如高血压、动脉硬化、糖尿病等)。使用某种耳毒性药物、感染某些病毒性疾病或因某些疾病进行放疗和化疗等也易引发耳聋。如何早期发现老年人耳背?最简单的判断方法有:一是看电视,如果看电视时老年人总把音量开得很大,家属就要提高警惕了;二是一段时间以来,老年人说话嗓门大了很多,自己却浑然不觉;三是在听他人说话时老年人总"打岔";四是老年人和他人交流少了,性格变得急躁、孤僻甚至古怪。

4. 预防老年人听觉减退的方法

护理人员要重视听觉减退对老年人的日常生活和心理带来的危害。高血压和动脉硬化导致大脑供血不足可能会造成老年性耳聋。老年人在听别人说话时,如果出现有时听得清、有时听不清的现象,会给老年人生活带来很多困难。比如:在街上听不到汽车的声音,容易造成交通事故;看电视、听广播音量过大容易造成与家人或邻里矛盾。由于耳背或耳聋,久而久之,老年人就变得不愿与人交往,性格急躁、孤僻,甚至古怪,身心健康受到一定影响,还可成为发生认知症的诱因之一。

护理人员应引导老年人保持心情愉快。如果老年人经常处于急躁、恼怒的状态中,会导致体内自主神经失去正常的调节功能,使内耳器官发生缺血、水肿和听觉障碍,可能引发听力锐减或暴发性耳聋。

护理人员要教会老年人如何保养耳朵。耳背与遗传因素有关,老年人要注意生活在安静的环境中,不乱用药,不吃油腻的食物。当老年人听力下降后,护理人员要提醒老年人及时佩戴助听器。不要随便买上一副助听器戴上,每个人适合的助听器的功率、型号不同,配助听器前必须到正规的医院进行检查。

护理人员要鼓励老年人多与他人交往。老年人应保持平常心态,经常与周围的人交谈、聊天,通过与他人的交流,自己发出声音,促进内耳供血循环,延缓听力减退。护理人员可提醒老年人每天坚持发声读报,这是延缓听觉中枢和语言中枢退化的好办法。

(四) 老年人其他感觉的特点

1. 老年人皮肤感觉的特点

皮肤感觉是指由皮肤感受器官所产生的感觉。皮肤感觉包括触觉、痛觉、冷觉和温觉。皮肤感受器在皮肤上呈点状分布,称触点、痛点、冷点和温点。身体的部位不同,皮肤感觉点的分布和数目(每平方厘米的皮肤感觉点)也不同,如表1-3所示。

触觉又称触压觉,是指皮肤受机械刺激时产生的感觉。物体与皮肤接触时,轻微的不引起皮肤变形的刺激所产生的感觉为触觉,引起皮肤变形而产生的感觉为压觉。人体的唇、鼻、舌尖和指端部的触觉最为敏感。

表 1-3 皮肤感觉点的分布和数目

身体部位	触点数目	痛点数目	冷点数目	温点数目
额	50	184	8	0.6
鼻尖	100	44	13	1.0
胸	29	196	9	0.3
前臂掌面	15	203	6	0.1
手背	14	188	7	0.5
拇指球	120	60	—	—

痛觉是指机体受到伤害性刺激时，产生的一种不愉快的感觉。当机械的、物理的、化学的、温度的以及电刺激等任何一种刺激对机体具有损伤或破坏作用时，都能引起痛觉。痛觉常伴有情绪变化和防御反应，痛觉传递了机体受到伤害的信息，因而具有保护机体的作用。同时疼痛是临床上最常见的一种症状，对于疾病的诊断具有积极意义。

皮肤表面的温度称为生理零度。高于生理零度的温度刺激，引起温觉；低于生理零度的温度刺激，引起冷觉；刺激温度等于生理零度，不引起温度觉。身体部位不同，生理零度不同，对温度刺激的敏感程度也不同。

60岁以上的老年人皮肤上敏感的触觉点数目显著下降，皮肤皱纹增多，腺体萎缩，汗腺减少，皮肤对触觉刺激产生最小感觉所需要的刺激强度随着老年人年龄的增长逐渐增大。比如老年人的眼角膜与鼻部的触觉降低较为明显，所以他们对流眼泪或流鼻涕常常毫无知觉，需要护理人员加以提醒。皮肤表皮层变薄和感觉迟钝也是卧床老年人易出现压疮的原因，护理人员要经常帮长期卧床的老年人翻身，避免形成压疮。老年人的触觉和温度觉减退，护理人员帮老年人洗澡时容易造成烫伤或冻伤。老年人对低温的感觉变得迟钝，有些老年人在室温降低时也往往不觉得冷，护理人员要提醒老年人及时添加衣服。

2. 老年人嗅觉和味觉的特点

嗅觉和味觉器官是我们身体内部与外界环境沟通的两个出入口。在听觉、视觉损伤的情况下，嗅觉作为一种"距离分析器"具有重大意义。盲人、聋哑人运用嗅觉就像正常人运用视力和听力一样，他们常常根据气味来认识事物，了解周围环境，确定自己的行动方向。

人体鼻腔上的黏膜有嗅细胞，空气中的气味分子刺激嗅细胞后，由嗅神经传到大脑而产生嗅觉。嗅觉的刺激物必须是气体物质，只有挥发性的有气味物质的分子，才能成为嗅细胞的刺激物。入芝兰之室，久而不闻其香；入鲍鱼之肆，久而不闻其臭。当我们停留在有特殊气味的地方较长一段时间之后，就会完全适应这种气味而无所感觉，这种现象叫作嗅觉器官适应。在没有明显原因的情况下，持续出现嗅觉失灵的现象，就叫作嗅觉失灵。造成嗅觉失灵的最常见的原因，有过敏性鼻窦炎、鼻息肉和感冒病毒感染。

老年人嗅神经数量减少、萎缩和变性。50岁以后，嗅觉的敏感性逐渐减退，嗅觉开始迟钝，同时，对气味的分辨能力下降，男性尤为明显。

味觉是指人的口腔内的味觉器官化学感受系统对口腔内食物的刺激产生的一种感觉。最基本的味觉有甜、酸、苦、咸和鲜五种,我们平常尝到的各种味道,都是这五种味觉混合的结果。舌尖两侧对咸敏感,舌体两侧对酸敏感,舌根对苦的感受性最强。物质的水溶性越高,味觉产生得越快,消失得也越快。一般呈现酸味、甜味、咸味的物质有较大的水溶性,而呈现苦味的物质的水溶性一般。

味觉相互影响。例如,刚吃过苦味的东西,喝一口水就觉得水是甜的,刷过牙后吃酸的东西就有苦味产生。不同的味觉对人的生命活动起着信号的作用:甜味是需要补充热量的信号,酸味是新陈代谢加速和食物变质的信号,咸味是帮助保持体液平衡的信号,苦味是保护人体不受有害物质危害的信号,而鲜味则是蛋白质来源的信号。味蕾对各种味的敏感程度也不同,人分辨苦味的本领最高,其次为酸味,再次为咸味,最后为甜味。

随着年龄的增长,老年人味蕾逐渐萎缩,数量逐渐减少,味觉功能逐渐减退,特别对咸、甜味感觉迟钝。老年人的口腔黏膜细胞和唾液腺发生萎缩,唾液分泌减少,口腔较干燥,也会造成味觉功能的减退。老年人活动减少,机体代谢缓慢,缺乏食欲,食而无味,影响机体对营养物质的摄取,还可增加老年性便秘的可能性。如果为了提高老年人对食物的敏感性,在烹饪时增加盐或糖的量,而使老年人过量摄入盐或糖,这对老年人尤其是患有心血管疾病或糖尿病的老年人十分不利。

3. 老年人内部感觉的特点

内部感觉又称机体觉,包括运动感觉、平衡感觉和内脏感觉,其感受器位于机体内部,反映各内脏器官的状态、身体平衡状态和自身状况。

运动感觉也叫动觉,它反映身体各部分的位置、运动以及肌肉的紧张程度,是内部感觉的一种重要形态。其感受器为肌梭、腱梭和关节小体,位于肌肉、肌腱、韧带和关节中。当机体运动时,肌梭、腱梭和关节小体兴奋,冲动沿脊后索上传,经丘脑至中央皮层前回,产生动觉。动觉是随意运动的重要基础,是主动触摸的重要成分,在认识客观世界方面有重要意义。

平衡感觉,是对人体做直线的加速、减速运动或做旋转运动进行反映的感觉。平衡感觉的感受器是位于内耳的半规管和前庭。半规管反映人的旋转运动,前庭反映人的直线加速或减速运动。前庭与小脑关系密切,对保持身体平衡有重要作用。

内脏感觉又称机体觉,是对机体饥、渴、痛、温等状态的感觉。其感受器位于脏器壁上,它们将内脏的活动和变化信息传入中枢。

老年人内部感觉减退,平衡感觉变差,敏感度下降,影响正常步态和步行功能。老年人维持身体平衡的器官也出现功能减退,容易因失去平衡或姿势不协调而摔跤,造成意外事故。由于口部与发音有关的肌肉内部感觉能力减退,常使老年人言语声音变得嘶哑、含糊不清或语流不畅,导致说话断断续续。手部肌肉内部感觉减退,向内反馈的神经冲动减弱,造成书写所必需的精细运动困难,形成书写不灵活。无论是口头言语还是书写能力的减退,都给老年人的社会交际、思想交流带来很大困难,妨碍老年人的社会生活。护理人员带动老年人进行弹琴、唱歌等音乐活动以及手部健身球等运动,可以延缓口部和手部肌肉精细运动功能的老化,对防止口头言语能力和书写能力的减退都有作用。

二、老年人的知觉

(一)知觉概述

知觉是指直接作用于感觉器官的事物的整体在脑中的反映,是人对感觉信息的组织和解释的过程。感觉和知觉的相同点是:两者同属于认知过程的感性阶段,其源泉是客观现实,两者都是对客观事物的直接反映。感觉和知觉的不同点是:感觉是对事物个别属性的反映,知觉是对事物整体的反映;感觉的产生依赖于客观事物的物理属性,相同的刺激会引起相同的感觉,而知觉不仅依赖于它的物理特性,还依赖于知觉者本身的特点;感觉是某个分析器活动的结果,知觉是多个分析器活动的结果。

知觉作为一种活动和过程,包含互相联系的几种作用:觉察、分辨和确认。觉察是指发现事物的存在,但不知道它是什么。分辨是指把一个事物或其属性与另一个事物或其属性区别开来。确认是指人们利用已有的知识经验和已获得的信息,确定知觉的对象是什么,给它命名,并把它纳入一定范畴。知觉依赖于直接作用于感官的刺激物的特性,对这些特性的加工是自下而上的。人的知觉系统不仅要加工由外部输入的信息,而且要加工在头脑中已经存储的信息,这种加工叫自上而下的加工。根据人脑所认识的事物特性,可以把知觉分成空间知觉、时间知觉和运动知觉。

(二)老年人知觉的特点

1. 老年人空间知觉的特点

老年人对物体的形状、大小、深度以及运动物体的视知觉比年轻人差,对视觉信息的加工速度有较大下降,视觉的注意能力有一定程度的降低。空间知觉是对物体的空间关系的认识,是指对物体距离、形状、大小、方位等空间特性的知觉。空间知觉的参考系可分为以知觉者自己为中心的参考系和根据知觉者以外的事物所建立的参考系。空间知觉的主要信息来源是视觉和听觉。视觉线索包括单眼线索和双眼线索。除了视觉之外,还能从听觉器官获得空间知觉,耳朵能提供声音的方向和声源远近的线索,听觉线索也有单耳和双耳的区别。

知觉的整体性是把物体或现象的各种属性或各个部分作为一个统一的整体来反映。知觉整体性的形成遵循着一定的规则:① 接近律,在空间、时间上彼此接近的部分容易被人知觉为一个整体;② 相似律,物理属性(强度、颜色、大小、形状)相似的部分易被知觉为一个整体;③ 连续律,具有连续性或共同运动方向等特点的物体,易被知觉为一个整体;④ 封闭性,封闭和完整的物体易被知觉为一个整体。当物体本身不封闭、不完整时,人们倾向于用过去的知识经验将缺损的轮廓加以补充,把不完整的图形知觉为完整的封闭图形。

知觉恒常性是指人在一定范围内,保持其知觉映像,不随知觉的客观条件的改变而改变。知觉的客观条件在一定范围内改变时,知觉映像保持相对不

变。知觉恒常性对于人的正常生活和工作有重要意义,如果人的知觉随着客观条件的变化而时刻变化,那么要想获得任何确定的知识都是不可能的。知觉的恒常性包括大小恒常性、形状恒常性、方向恒常性、明度恒常性和颜色恒常性。大小恒常性是指在一定范围内,个体对物体大小的知觉不完全随距离变化而变化,也不随视网膜上视像大小的变化而变化,其知觉映象仍按实际大小的知觉特征。形状恒常性是指个体在观察熟悉的物体时,当其观察角度发生变化而导致在视网膜的影像发生改变时,其原本的形状知觉保持相对不变的知觉特征。如在观察一本书时,不管你从正上方看还是从斜上方看,这本书看起来都是长方形的。方向恒常性是指个体的身体部位或视像方向改变时,对物体实际方位的感知保持不变的知觉特征。明度恒常性是指当照明条件改变时,物体的相对明度或视亮度保持不变。例如,白墙在阳光下和月色下,它看起来都是白色的;而煤块在阳光下和月色下,它看起来都是黑色的。

2. 老年人时间知觉的特点

由于年龄、生活经验和职业训练的不同,人与人之间在时间知觉方面存在着明显的差异。人在童年阶段,对时间的流逝感觉迟钝,时间显得分外长;到了老年阶段,会感到时光迅速流逝。老年人热爱生活,情绪积极时觉得时间短,情绪消极时觉得时间长。

时间知觉是指对客观现象延续性和顺序性的感知。时间知觉的信息,既来自外部,也来自内部。外在标尺包括计时工具,如时钟、日历等;宇宙环境的周期性变化,如太阳的升落、月亮的盈亏、昼夜的交替、季节的重复等。内部标尺是机体内部的一些有节奏的生理过程和心理活动,如心跳、呼吸、消化及记忆表象的衰退等,神经细胞的某种状态也可成为时间信号。人的节律性活动和生理过程基本上以 24 小时为一个周期,因此可以把人的身体看成一个生活节奏钟。

人的时间知觉与活动内容、情绪、动机、态度有关。用计时器测量出的时间与估计的时间不完全一致。内容丰富且有趣的情境,使人觉得时间过得很快,而内容贫乏枯燥的情境,使人觉得时间过得很慢。人们面对自己感兴趣的东西时,会觉得时间过得快,出现对时间的估计不足;相反,人们面对厌恶的、无所谓的事情时,会觉得时间过得很慢,出现对时间的高估。知觉的理解性是指人们在对现实事物的知觉中,需要以过去的经验、知识为基础的理解,以便对知觉的对象做出最佳解释和说明。影响知觉的理解性的因素有:一是知识经验,知觉的理解性是以知识经验为基础的,有关知识经验越丰富,对知觉对象的理解就越深刻、越全面,知觉也就越迅速、越完整和越正确;二是言语提示,言语对人的知觉具有指导作用,言语提示能在环境相当复杂、外部标志不很明显的情况下,唤起人的回忆,运用过去的经验来进行知觉。言语提示越准确、越具体,对知觉对象的理解就越深刻、越广泛。

3. 老年人运动知觉的特点

老年人运动知觉降低,在过马路时对运动的车辆速度判断不准确,容易造成交通事故。物体的运动特性直接作用于人脑,为人们所觉察,这就是运动知觉。运动知觉的意义对于动物和人都非常重要。对于动物来说,比如青蛙能够

观察到运动的小虫,而对静止的小虫没有反应;动物在捕猎时,需要有对猎物的运动速度、与自己的距离的知觉才可能捕猎成功。对于人来说,我们在过马路的时候要对车速、自己与车的距离进行估计。当一个运动着的物体移过视网膜时,它将依次刺激视网膜上的一系列感受器,并使相邻感受器受到连续的激发,从而感受到运动的信息。

运动知觉包括真正运动知觉和似动。物体按照特定的速度或者加速度,从一处向另一处作连续的位移,由此引起的知觉就是真正运动知觉。似动是指在一定的时间和空间条件下,人们在静止的物体间看到了运动,或者在没有连续位移的地方看到了连续的运动。似动主要依赖于刺激物的强度、时间间隔和空间距离。当刺激间的时距不变时,产生最佳运动的刺激强度和空间距离成正比;当空间距离恒定时,刺激物的强度与时距成反比;当强度不变时,时距与空间距离成正比。在黑暗中,如果注视一个细小的光点,人们会看到它来回飘动,这叫自主运动。在皓月当空的夜晚,人们觉得月亮在"静止"的云朵后慢慢移动,这种运动是由实际飘动的云朵诱发产生的,因而叫诱发运动。在注视倾泻而下的瀑布以后,如果将目光转向周围的田野,人们会觉得田野上的景物都在向上飞升,这叫运动后效。这些情况下,我们看到的运动都不是物体的真正位移,所以也是似动现象。

知觉的选择性就是把知觉对象从背景中选择出来的特征。人在知觉事物时,首先要从复杂的刺激环境中将一些有关内容抽象出来组织成知觉对象,而其他部分则留为背景。由于人每时每刻所接触到的客观事物众多,因此不可能对同时作用于感觉器官的所有刺激信息进行反映,而是主动挑选某些刺激信息进行加工处理,而排除其他信息的干扰,以形成清晰的知觉,并迅速而有效地感知客观事物,适应环境。所以,人们总是选择只对自己有重要意义的刺激物作为知觉的对象。客观刺激物的特点会影响知觉的选择性。刺激物强度大、对比明显、颜色鲜艳时容易成为知觉的对象;刺激物在空间上接近、连续,或形状相似时容易成为知觉的对象;刺激物符合"良好图形"原则,即图形具有简明性、对称性时,容易成为知觉的对象;刺激物轮廓封闭或趋于闭合时容易成为知觉的对象。知觉选择性受人的主观因素的影响,人的知觉选择性不仅依赖客观刺激物的物理特性,还与知觉者的需要和动机、兴趣和爱好、目的和任务、已有的知识经验以及刺激物对个体的意义等主观因素密切相关。

(三) 预防老年人由于知觉减退引起跌倒的方法

老年人由于空间知觉、运动知觉减退,常常会跌倒。跌倒是指无意图地摔倒在地上或更低的平面。跌倒是老年人群伤残、失能和死亡的重要原因之一,严重地影响了老年人的生活质量和生活自理能力,给家庭和社会带来了巨大的负担。跌倒最常见的损伤是髋骨骨折,由于愈合时间长以及手术后的特殊护理要求,如长期卧床和局部的制动,使老年人容易发生压疮、肺炎和泌尿系统感染等。有跌倒史的老年人还会因此产生巨大的心理创伤,主要表现为担心跌倒、自信心丧失,从而有意识地减少活动,且活动的依赖性增加等,这容易造成恶性循环,增加跌倒的危险。

预防老年人跌倒,护理人员要去除环境危险因素。创造安全的老人居室环境,随时保持地面干燥无水迹、无杂物,避免地毯松弛或卷起。避免让老年人在打蜡或用水拖过的地面走动;提醒老年人在浴室、上下楼梯、走廊过道时应抓住扶手,打开照明设备;老年人房间的家具摆放要适当,床和椅子的高度要适宜,上下轮椅时应锁定轮子;检查老年人的鞋,穿着要大小合适,鞋底不宜过厚,要粗糙防滑。对行动不便的老年人应配备适宜的助步器,将助步器放置在固定的位置,便于取用;视力不佳的老年人应配备老花镜。

护理人员指导老年人在体位转换,如起床、蹲便或由坐位转换成站立位时,动作应缓慢,防止由于体位性低血压(包含直立性低血压)造成眩晕而跌倒。此外,在两个光线反差过大的区域间过渡时,一定要考虑到暗适应的问题可能给老年人带来的潜在危险。避免或慎重使用有可能引起跌倒的药物,必需使用时,应向老年人交代药物的副作用,自觉身体不适时,应立即卧床休息,避免在用药后外出活动。

任务二　了解老年人记忆和智力特点,掌握应对方法

记忆是人脑对经历过的事物的识记、保持、再现或再认,它是进行思维和想象等高级心理活动的基础。智力是指人认识、理解客观事物并运用知识和经验等解决问题的能力,包括注意、观察、想象、思维和判断等。智力以思维能力为核心,它保证人们有效地进行认识和实践活动。

一、老年人记忆的特点

(一) 老年人识记和保持的特点

根据信息保持时间的长短,记忆可分为感觉记忆(瞬时记忆)、短时记忆和长时记忆。感觉记忆是记忆系统在对外界信息进行进一步加工之前的暂时登记,保存时间很短,大约为 0.25～2 秒;短时记忆对信息的保持时间大约为 1 分钟左右,是信息从感觉记忆到长时记忆之间的一个过渡阶段;长时记忆是保持时间在 1 分钟以上的记忆,可以是许多年,容量没有限制。任何信息都必须经过感觉记忆和短时记忆,才可能转入长时记忆。老年人的感觉记忆随年龄增长而减退,短时记忆明显减退,尤其在 70 岁以后减退更加明显,记忆的速度和广度明显下降,对最近发生的事情记忆变差,而对远期发生的事情保持较好的记忆。

老年人的意义识记(即在理解基础上的记忆)保持较好,而机械识记(即靠死记硬背的记忆)减退较快。例如,老年人不容易记住地名、人名和数字等属于机械识记的内容。

(二) 老年人再认和再现的特点

提取长时记忆的信息时有再认和再现这两种基本形式。再认是指当人们感知过、思考过或体验过的事物再度出现时,人们仍能认识的心理过程。再现是指人们对过去经历过的事物以形象或概念的形式在头脑中重新出现的过程。

老年人的再认能力保持较好,而再现能力则明显减退。老年人记忆力的减退主要是因为信息提取过程和再现能力的减弱,而识记的信息仍然可以很好地

保持或储存在大脑中。经常提醒老年人回忆往事是有助于减缓其记忆力减退速度的。

（三）预防老年人记忆减退的方法

老年人记忆力减退由多种原因引起，如遗传因素、疾病因素、睡眠状况、焦虑和抑郁等心理因素、环境因素。记忆力减退给老年人的生活带来了许多的不方便甚至危险，如出门经常忘带钥匙，烧开水不记得关火，等等。但是，老年人的记忆力减退并不是全面的，而是部分减退，主要是长时记忆、机械记忆和再现记忆减退得较快。

为了预防和延缓老年人记忆力的减退，护理人员要注意做到以下四个方面。

(1) 告知老年人做事要集中注意力。要求老年人将注意力集中在要做的事情上，把要做的每一件小事都赋予一定的意义，集中注意力，专心地去完成它，这样可以防止老年人忘事的情况出现。

(2) 提醒老年人善于运用记忆辅助策略。利用日历、记事本、备忘录、定时器等，把每天需要完成的事情或重要的事件记下来，以提醒自己。在日常生活中，善于运用各种辅助记忆的方法提高记忆力。

(3) 利用听音乐来提高老年人的记忆力。听音乐有助于活跃老年人的大脑细胞，提高老年人的记忆力。

(4) 鼓励老年人学会充分利用大脑。活跃的大脑可以有效地提高老年人的记忆力，老年人可以通过做计算题、背诗、唱歌、绘画等活动，让大脑充分活跃起来，防止出现记忆力减退的症状，还可以有效预防认知症。

二、老年人智力的特点

智力是一种稳定的心理特点，它是在人们具体的行为活动中显示出来的。人的智力可分为液态智力和晶态智力两种。老年人的智力并非人们所认为的那样会全面退化，只是在某些方面有所减退。

（一）老年人的液态智力

液态智力主要与大脑、神经系统、感觉器官和运动器官的生理结构和功能有关，是一种以生理为基础的认知能力，如知觉、记忆、运算速度、推理能力等。液态智力是一个人生来就能进行智力活动的能力，即学习和解决问题的能力，它依赖于先天的禀赋，随着神经系统的成熟而提高，如知觉速度、机械记忆、识别图形关系等。

液态智力属于人类的基本能力，受先天遗传因素影响较大，受教育、文化影响较少。液态智力的发展与年龄有密切的关系：一般来说，人在20岁以后，液态智力的发展达到顶峰，30岁以后随着年龄的增长而降低。老年人的液态智力明显减退。

（二）老年人的晶态智力

晶态智力是指在实践中以习得的经验为基础的认知能力，如人类学会的技能、语言文字能力、判断力、联想力等。晶态智力是在实践（学习、生活和劳动）中形成的能力，这种智力在人的一生中都在增长。

晶态智力受后天的经验影响较大,主要表现为运用已有知识和技能去吸收新知识和解决新问题的能力,这些能力不随年龄的增长而减退,只是某些技能在新的社会条件下可能变得无用了。晶态智力是通过掌握社会文化经验而获得的智力,一直保持相对稳定,而液态智力呈缓慢下降的趋势。晶态智力可以弥补液态智力的减退,而使老年人的智力基本保持正常。

（三）认知症的特点

认知症是指由于慢性或进行性大脑结构的器质性损害引起的高级大脑功能障碍的一组症候群,是在意识清醒状态下出现的持久的全面的智力减退,表现为记忆力、计算力、判断力、注意力、抽象思维能力、语言功能减退,情感和行为障碍,独立生活和工作能力丧失。

1. 认知症的分类

认知症主要分为四大类：一是老年性痴呆,即阿尔茨海默病(Alzheimer's Disease,AD)；二是血管性痴呆(Vascular Dementia,VD)；三是混合型痴呆,即老年性痴呆与血管性痴呆同时存在；四是其他类型的痴呆(如脑外伤、中毒、B族维生素缺乏、脑积水、帕金森病、慢性病毒脑炎等引起的痴呆)。

老年性痴呆是指以广泛性脑萎缩、脑变性为病理基础的潜隐性、慢性、进行性加重的记忆障碍和智能损害。在老年前期即 65 岁以下发病的称为早老年性痴呆,65 岁以上发病的称为老年性痴呆,统称阿尔茨海默病。

血管性痴呆是指由一系列脑血管疾病(包括脑梗死、脑出血、蛛网膜下腔出血等)导致的以认知功能障碍为特征的痴呆综合征。血管性痴呆一般在 50～60 岁发病,多见于反复中风的病人。在中风康复后,智力有一定程度的恢复,病情稳定；但是再次中风后,发作又加重,最终出现痴呆。

谋害老年人智力的凶手

周大爷患高血压、糖尿病多年,半年前发生过一次脑中风,头颅 CT 检查发现有多发性脑梗死灶,经过住院治疗,基本恢复正常,没有明显肢体瘫痪,生活能自理,家人都很高兴。可是最近三个月来,家人发现周大爷好像换了一个人似的,脾气变得很差,常为一些鸡毛蒜皮的事大发脾气,记性变差,刚发生的事很快就忘记,出门几次迷路,被他人送回。子女将周大爷送至医院,医生检查后发现周大爷患了血管性痴呆。

2. 认知症的三个阶段

第一阶段为轻度痴呆期,大约 1～3 年,表现为：记忆减退,对近事遗忘突出；判断能力下降,不能进行分析、思考、判断,难以处理复杂的问题；不能独立进行购物和简单的计算等,社交困难；情感淡漠,偶尔激惹,常多疑；出现时间定向障碍,对所处的场所和人物能做出定向,对所处地理位置定向困难,复杂结构的视空间能力差；言语词汇少,命名困难。

第二阶段为中度痴呆期,大约 2~10 年,表现为:远近记忆严重受损,简单结构的视空间能力下降,时间、地点定向障碍;在处理问题、辨别事物的相似点和差异点方面严重受损;不能独立进行室外活动,在穿衣、个人卫生以及保持个人仪表方面需要帮助;情感由淡漠变为急躁不安,常走动不停。

第三阶段为重度痴呆期,大约 8~12 年,表现为:已经完全依赖护理人员,严重记忆力丧失,仅存片段的记忆;日常生活不能自理,大小便失禁,呈现缄默、肢体僵直,有强握、摸索和吸吮等原始反射。最终昏迷,一般死于感染等并发症。

任务三 掌握认知症的心理护理方法

一、认知症的评估

认知症可采用简易智能状态速检表(MMSE)进行初步筛查。这个量表主要测评记忆力、定向力、注意力、语言能力等方面的能力。评定者只需要经过简单培训后,即可对老年人的智能状态进行评定,每次检查需 5~10 分钟。简易智能状态速检表包括 19 个题目,共含 30 个小项(如表 1-4 所示)。

表 1-4 简易智能状态速检表(MMSE)

项 目	对	错/不做	项 目	对	错/不做
1. 今年的年份_____	1	0	13. 回忆刚才那三个词:		
2. 现在是什么季节_____	1	0	皮球_____	1	0
3. 今天是几号_____	1	0	国旗_____	1	0
4. 今天是星期几_____	1	0	树木_____	1	0
5. 现在是几月份_____	1	0	14. 说出下列物品的名称		
6. 现在您在哪个省(市)_____	1	0	手表_____	1	0
			铅笔_____	1	0
7. 现在您在哪个县(区)_____	1	0	15. 复述"四十四只石狮子"_____	1	0
8. 现在您在哪个乡/街道_____	1	0	16. 按卡片写的做动作:"请闭上您的眼睛。"	1	0
9. 现在我们在几楼_____	1	0	17. 按指令做:"用右手拿纸、把纸对折、放在大腿上。"		
10. 这里是什么地方_____	1	0	用右手拿纸_____	1	0
11. 复述,并记住这三个词			把纸对折_____	1	0
皮球_____	1	0	放在大腿上_____	1	0
国旗_____	1	0	18. 请您说一句完整的、有意义的句子_____	1	0
树木_____	1	0			
12. 用 100 连续减 7			19. 按照下列图形画图	1	0
100-7=_____	1	0			
-7=_____	1	0			
-7=_____	1	0			
-7=_____	1	0			

总分_____

每个项目回答或操作正确记 1 分,回答错误或不回答记 0 分。总分为 0～30 分,得分越低,表示认知功能越差。分界标准要依据不同文化程度来判定。对于未受过教育的老年人来说,如果总分＜17 分,判定为可疑痴呆;对于文化程度为小学的老年人(教育年限＜6 年)来说,如果总分＜20 分,判定为可疑痴呆;对于文化程度为中学或以上的老年人(教育年限≥6 年)来说,如果总分＜24 分,判定为可疑痴呆。若判定为可疑痴呆,则需请医生对老年人做进一步的检查和诊断。

二、心理诊断

认知症在老年前期和老年期起病,早期不易被发现,病情逐渐发展。依据所收集的资料、检查和前期的初步评估,如果老年人认知功能下降、精神和行为异常、日常生活能力降低,便可初步诊断为认知症。

1. 认知功能下降

典型的症状为记忆障碍,早期症状以近期记忆力受损为主,远期记忆力受损相对较轻,表现为对刚发生的事、刚说过的话不能记忆,忘记熟悉的人名,而对年代久远的事情记忆相对清楚。早期症状常被忽略,被认为是老年人爱忘事。但是,如刚吃完饭又要进餐,想不起来亲人乃至自己的姓名和年龄,常常丢三落四,这些症状逐渐会影响老年人的日常生活。

语言功能逐渐受损。在疾病早期,患者可能出现说话忘词、叫不出常用物品名称的状况。随着病情加重,其语言表达和理解能力不断下降,语言表达没有逻辑性,表现为前言不搭后语、答非所问,难以理解抽象的话语。到了疾病晚期,不能理解别人的话,也不能用语言表达自己的需求。

定向力障碍。在疾病早期,患者可出现时间和地点定向障碍,如分不清目前的年份、月份和日期;在陌生的地方容易有迷失感,甚至迷路,出门认不得回家的路,分不清东南西北。随着病情加重,患者逐渐分不清季节,不能辨认白天和黑夜;外出迷路症状更加严重,甚至出现走失状况;逐渐不认识朋友、家人;到疾病晚期,连镜子中的自己也认不出来。

2. 精神和行为异常

在疾病发展过程中患者会出现各种精神和行为异常,尤其在疾病的中期。精神异常包括:抑郁、焦虑不安、幻觉、妄想和失眠等症状。行为异常包括:无目的徘徊、坐立不安、藏东西、收破烂,把别人扔掉的垃圾视为珍宝并收藏;甚至出现一些怪异和不知羞耻的行为,如当众大小便或非礼异性、不恰当地穿脱衣服等;尖叫、骂人、摔东西、打人等攻击行为。精神日益衰退,行为紊乱,言语重复,食欲亢进,动作幼稚,生活自理能力越来越差,睡眠时间明显减少,睡眠节律发生紊乱或颠倒,这些都极大地影响了患者与护理人员的生活质量。

3. 日常生活能力逐渐下降

日常生活能力量表(Activity of Daily Living Scale, ADL)可用于评定老年人日常生活功能损害程度。该量表分为两部分:一是躯体生活自理能力量表,即测定老年人照顾自己生活的能力(如穿衣、脱衣、梳头和刷牙等);二是工具使

用能力量表,即测定老年人使用日常生活工具的能力(如打电话、乘公共汽车、自己做饭等)。后者更易受疾病早期认知功能下降的影响。

随着疾病的发展,患者基本的日常生活能力也出现问题,表现为完成日常生活和工作越来越困难,吃饭、穿衣、上厕所也需要帮助,简单的财务问题也不能处理,日常生活需要他人照顾。到疾病晚期,患者完全依赖他人的照顾。患者从轻度发展至重度通常需要 8～10 年,病程发展不能逆转,目前尚无有效方法阻止其恶化。

三、心理护理措施

(一) 耐心倾听与交流

护理人员与患有认知症的老年人说话时,声调要温和,速度要缓慢,要耐心倾听与交流。倾听时,应注视老年人的目光,不随意打断他(她)的讲话,以表示对他(她)的关注。当老年人想不起一些物品的名称或人的名字时,可以提示一下,以减轻他们的挫折感。患有认知症的老年人对触觉的感受比对语言文字好,护理人员使用肢体语言、微笑、抚摸和握手等方式,再配合简单的语言来沟通,会收到更好的效果。

(二) 关爱与情感支持

护理人员应理解患有认知症的老年人发生的一些精神症状和性格变化,如猜疑、自私、狂躁、幻觉和妄想等,情绪不易控制这些是由疾病所致,要宽容,给予其情感支持;要耐心倾听其诉说,尽量满足其合理要求,不能满足时应耐心解释,用诚恳的态度对待他们,切忌使用伤害感情或损害其自尊心的言语行为,使其受到心理伤害。

(三) 创造良好的环境,减少刺激

有激越症状的老年人会坐立不安、来回走动,常因为一些小事生气,甚至出现攻击行为等。当老年人出现激越行为时,护理人员应分析其产生激越行为的具体原因,不能用禁止、命令的语言,更不能将其制服或反锁在室内,这样会增加患病老年人的心理压力,使其病情加重。要尽量避免一切刺激源,居住环境应尽量按老年人原有的生活习惯设置。给老年人进行更衣和洗澡等个人卫生的照料时,要向老年人做好解释,老年人不能理解时,可以借用手势或其他非语言沟通方式让其理解,不可强迫老年人执行。对待有激越行为的老年人,护理人员要试图将其注意力转移到老年人感兴趣的方面,这样可以有效地减少其激越行为的发生。

(四) 增进信任与理解

长期独居、丧偶、不爱交际、性情孤僻、少兴趣、少运动、精神抑郁等都可加速老年人脑衰老的进程,诱发认知症。护理人员要针对每个老年人的特点进行心理疏导,首先要得到老年人的信任和理解,才能消除或减轻他们的孤独、焦虑和恐惧感。在与老年人交流和相处时,必须诚心诚意地对待他们,理解和尊重他们,了解他们真正的需求。如与老年人一起看电视、一起唱歌,做一些他们感兴趣的事,或带他们出去散步,减少老年人的不安定感。要取信于老年人,使他

们相信医护人员和家人的认识是正确的,从而建立战胜疾病的信心,提高配合治疗的积极性。

(五)预防智力减退

鼓励老年人勤动脑。人的思维功能也是用进废退的,大脑接受的信息越多,脑细胞就越发达、越有生命力。老年人经常进行一些脑力活动,如看书、下棋等,能缓解智力减退。

带动老年人积极参加体育活动。进行体育活动会使人的血液循环加快,从而使经过大脑的血流量增加,使脑细胞得到充足的养分和氧气。带动老年人经常参加体育活动可预防智力减退。

指导老年人经常活动手指。活动手指可以给脑细胞以直接的刺激,对延缓脑细胞的衰老有很大的好处。老年人可通过做手指操、解绳操和练书法、弹奏乐器等方式来运动手指。

实训任务

认知症老人的心理护理

1. 训练目的

(1) 熟悉认知症的心理评估与诊断方法。

(2) 掌握认知症老人的心理护理实施措施。

2. 训练准备

(1) 环境准备。安静、整洁,光源可调节,通风良好的心理护理实训室,并配有桌子、椅子或沙发。

(2) 用具准备。准备一份空白的简易智能状态速检表及评分标准,一支记录用的笔,一张可折叠的白纸,一支铅笔,一只手表,一张写着"请闭上您的眼睛"的卡片(字号为初号),一张画着两个五边形图案的卡片。

(3) 学生准备。扮演老人和家属的学生要做好测评准备,扮演心理测评员和护理人员的学生要熟悉评估方法和心理护理方法。

3. 操作示范

(1) 讲述实训的目的和要求。

(2) 实施评估。

(3) 结果判定。

(4) 心理护理。

4. 学生练习

(1) 将学生分为4人一组,分别扮演老人、老人家属、心理测评员和护理人员。

(2) 针对测评结果做出问题评估、诊断及服务计划设计。

(3) 通过角色扮演展示对认知症老人的心理护理。

5. 效果评价

(1) 学习态度。是否以认真的态度对待训练?

（2）技能掌握。是否能将所学的理论知识与实训有机结合，有计划、步骤清楚、过程完整地完成实训？

（3）职业情感。是否理解老年人心理护理工作的意义？

（4）团队精神。在实训过程中，小组成员是否团结协作，积极参与，提出建议？

思考题

1. 老年人感觉和知觉有哪些特点？
2. 老年人记忆和智力有哪些特点？
3. 认知症的心理护理方法有哪些？

模块二
老年人的情绪特点及护理中的应对

学习目标

1. 了解老年人的情绪特点。
2. 了解老年人常见的情绪问题。
3. 掌握老年焦虑症的心理护理方法。
4. 掌握老年抑郁症的心理护理方法。

- 任务一　认知老年人的情绪特点
- 任务二　了解老年人常见的情绪问题及成因
- 任务三　掌握老年焦虑症和老年抑郁症的心理护理方法

模块二 老年人的情绪特点及护理中的应对

情境导入

一天只睡两个小时

刘奶奶是一位退休教师,儿女不在身边,她和老伴经常散步,跳广场舞,退休生活过得很惬意。然而4年前,老伴突然离世,刘奶奶伤心不已。3年前,刘奶奶查出患有食管癌,做了手术。术后,刘奶奶总是疑心,感觉肿瘤还会复发。刘奶奶整日情绪低落,不再与人交流。经诊断,刘奶奶患上了中度抑郁症。她白天精神恍惚,记忆力明显减退;晚上躺在床上胡思乱想,平均一天只睡两个小时。越是睡不着,老人就越焦急。

问题讨论:
1. 老年抑郁症对他们的日常生活有哪些影响?
2. 怎样识别老年抑郁症?

任务一 认知老年人的情绪特点

情绪是个体对客观事物的内心体验和态度,是不易被个体所控制的一种身心激动的状态。情绪不是自发的,而是由刺激引起的。引起情绪的可以是外在刺激,也可以是内在刺激。人们在社会生活中不可避免地会遇到得失和荣辱等各种情境,从而产生喜、怒、哀、乐等不同的情绪状态。

一、情绪概述

(一) 什么是情绪

情绪是指人根据客观事物是否符合自己的需要而产生的态度体验及相应的行为反应。情绪既是一种主观感受或体验,又是对客观现实的一种特殊反映。情绪同认识活动一样,仍然是人脑对客观现实的反映,但二者反映的内容和方式有所不同:认识活动反映的是客观事物本身,情绪反映的是一种主客体的关系。

情绪可以分为两类:一类是积极情绪,一类是消极情绪。积极情绪是与接近行为相伴随产生的情绪,有支持应对、缓解压力、恢复被压力消耗的资源的作用。而消极情绪是与回避行为相伴随产生的情绪,过于强烈和持久性的消极情绪对人的健康和社会适应有害。

(二) 情绪的功能与外部表现

情绪的功能主要有:适应功能,即人通过情绪了解自身或他人的处境,适应社会的需求,得到更好的生存和发展;动机功能,即情绪是动机的源泉之一,是动机系统的一个基本成分,它能激励人的活动,提高人的活动效率;组织功能,即情绪对其他心理过程的影响,表现为积极情绪的协调作用和消极情绪的破坏作用,还表现在人的行为上,如接纳,攻击;社会功能,即情绪在人与人之间具有传递信息、沟通思想的功能,这种功能是通过情绪的外部表现,即表情来实现的。

情绪是一种内部的主观体验,但在情绪发生时,又总是伴随着某种外部表现,这些与情绪有关的外部表现也叫表情。面部表情、姿态表情和语调表情等构成了人类的非言语交往形式,被统称为身体语言。人们除了通过语言沟通来实现互相了解的目的之外,还可以通过面部表情、身体姿势、手势以及语调等身体语言来表达个人的思想、感情和态度。在许多场合,人们无须使用语言,只要看对方的脸色、手势、动作,听听语调,就能知道对方的意图和情绪。人脸的不同部位具有不同的情绪表达作用,眼睛对表达忧伤最重要,口部对表达快乐与厌恶最重要,而前额能提供惊奇的信号,眼睛、嘴和前额等对表达愤怒情绪很重要。一般来说,面部各个器官是一个有机整体,通过相互协调表达出某种情感。当人感到尴尬、有难言之隐或想有所掩饰时,其五官便会表现出复杂而不和谐的表情。

二、老年人情绪的特点与情绪的状态

(一) 老年人情绪的特点

1. 老年人对于自己的情绪流露更倾向于控制

随着人生阅历的积累,老年人的情绪总体上趋于平稳,但是也存在很大的个体差异。有的老年人年轻的时候脾气暴躁,年老时非常随和;有的老年人年轻时性情温和,年老时脾气很大,好像变了一个人。但从总体上看,老年人在日常生活中常常会掩饰自己的真实情感,如遇高兴的事,他们不再激动万分;如遇悲伤的事,也不易痛哭流涕。

2. 老年人关切自身健康状况的情绪活动增强

随着年龄的增长,老年人健康状况日益下降,变得更加关注自己的身体,对于疾病较为重视。大多数老年人对自身的健康状况都十分关心,有的甚至是过分关心,这是正常现象。但是有的老年人对疾病比较敏感,对身边老同事或老朋友的故去,产生过度恐惧和担心,终日忧心忡忡,甚至万念俱灰,有种坐着等死的感觉。还有的老年人喜欢对号入座,看到书上介绍了某种病的某些症状,就认为自己也得了这种病,产生紧张焦虑的情绪,不停地去医院做各种检查或吃大量的保健品。

专栏 2-1

怀疑自己有病也是病

老余今年快70岁了,身板一直很硬朗。去年,老余去医院探视患肺癌的姐姐,从那以后,他的心情便一落千丈。姐姐插着导管痛苦不堪的情形,深深地印在他的脑海里。他经常感到胸闷、喘不上气,怀疑自己的身体出了毛病,有时甚至感觉严重窒息,仿佛随时都有生命危险。儿女陪着他到好几家大医院检查过,但始终查不出明确的病因。

3. 消极悲观的负性情绪逐渐开始占上风

进入老年期后,随着老年人生理机能的老化和健康状况的衰退,加之退休后脱离了工作岗位,家中子女又逐渐独立并成家立业,老年人的生活环境和角色地位发生了较大改变,这些对老年人的情绪有很大的影响。老年人面临离退休、子女逐渐离开家、自己身体患病、配偶和亲友死亡等各类重大的生活事件,如果不能很好地适应这些生活事件带来的变化,就容易出现抑郁、焦虑、孤独感、无用感和自卑感等负性情绪。其中,对于大多数老年人来说,冲击力最大的是退休和丧偶。如果由此产生的负性情绪持续下去,会严重影响老年人的身心健康。老年期是人生的一个特殊时期,由于生理、心理的变化,老年人对生活的适应能力减弱,任何应激状态都容易引起抑郁等心理障碍。

(二) 老年人情绪的状态

情绪的状态是指在某种事件或情境的影响下,在一定时间内所产生的某种情绪。典型的有心境、激情和应激。

心境是指个体比较平静而持久的情绪状态。心境具有弥漫性,它不是关于某一事物的特定体验,而是以同样的态度体验对待一切事物。心境产生的原因是多方面的,对个体的生活、工作、学习、健康有很大的影响。

激情是一种强烈的、爆发性的、为时短促的情绪状态。这种情绪状态通常是由对个体有重大意义的事件引起的。激情往往伴随着生理变化和明显的外部行为表现。激情状态下个体往往会出现"意识狭窄"现象,即认识活动的范围缩小,理智分析能力受到抑制,自我控制能力减弱,进而使个体的行为失去控制,甚至做出一些鲁莽的行为或动作。

应激是指个体对某种意外的环境刺激所做出的适应性反应。应激状态的产生与个体面临的情境及其对自己能力的估计有关。个体在应激状态下,会引起机体的一系列生物性反应,这些反应有助于适应急剧变化的环境刺激,维护机体功能的完整性。

任务二 了解老年人常见的情绪问题及成因

一、老年人常见的情绪问题

(一) 孤独

由于子女逐渐独立,空巢老人越来越多,老年人体力渐衰,行动不便,与亲朋好友来往频率下降,远离社会生活,信息交流不畅,因此容易产生孤独感。老年人具有自己既定的人际交往模式,不易结交新朋友,人际关系范围逐渐缩小,从而引发孤独的心理状态。

(二) 焦虑

焦虑是指一种缺乏明显客观原因的内心不安或无根据的恐惧,是人们遇到某些事情如挑战、困难或危险时出现的一种正常的情绪反应。焦虑是人们自身的内在感受及想法或对外界事件的不愉快体验,主要有担心、不安,从而发展为害怕、惊慌,严重者可出现极端恐惧。遗传对焦虑症的发生起重要作用,血缘亲属中同病率为15%,远高于正常人群;双卵双生子的同病率为25%,而单卵双生子的同病率为50%。人格因素对焦虑的发生也具有一定的影响。A型人格的个体较具进取心、侵略性、自信心、成就感,并且容易紧张。A型人格的个体总愿意从事高强度的竞争活动,不断驱动自己要在最短的时间里做最多的事,并对阻碍自己努力的其他人或其他事进行攻击。通常认为A型人格特质中往往焦虑特质偏高,这种焦虑特质通常表现为容易焦虑不安,对焦虑不安的耐受也差,交感神经容易兴奋等。

焦虑可分为状态焦虑和特质焦虑。状态焦虑是指因为特定情境引起的暂时的不安状态。特质焦虑是指一般性的人格特点或特质,它表现为一种比较持续的担心和不安。焦虑反应的生理学基础是交感和副交感神经系统活动的普遍亢进,常有肾上腺素和去甲肾上腺素的过度释放。躯体变化的表现形式决定于交感和副交感神经功能平衡的特征。广泛性焦虑往往与现实压力、对压力缺乏合理的应付方式有关。惊恐障碍是以反复出现显著的心悸、出汗、震颤等自主神经症状,伴以强烈的濒死感或失控感,害怕产生不幸后果的惊恐发作为特征的一种急性焦虑障碍。惊恐障碍的发生往往同快节律和高压力的生活方式相关。

老年焦虑症是临床中常出现的心理疾病,发病率呈逐年上升的趋势。老年焦虑症往往表现为心烦意乱、注意力不集中、焦虑紧张、脾气暴躁、自卑、自信心不足、胆小怕事、谨小慎微、对轻微挫折或身体不适容易出现情绪波动等。因其症状特点与其他精神类疾病有类似之处,所以极易混淆。

(三) 抑郁

抑郁是一种感到无力应付外界压力而产生的消极情绪。抑郁症是指以持续的情绪低落为特征的一种情感性的心理障碍。随着人均寿命的延长和老年性疾病发病率逐渐增高,抑郁的老年人数量也相应增高,并严重地危害着老年人的身心健康。患抑郁症的老年人常表现出情绪低落、丧失兴趣、思维迟缓、记忆力减退、失眠、食欲减退、体重减轻等一系列症状。老年人在现实生活中容易遭受挫折,不顺心、不如意之事时有发生,如遇到家庭内部出现矛盾和纠纷,子女在升学、就业、婚姻等方面有困难,自己的身体又日趋衰落,疾病缠身,许多老年人就会变得烦躁不安、情绪低落或者郁郁寡欢,这些都是抑郁的表现。导致老年人产生抑郁情绪乃至抑郁症的原因错综复杂,涉及生理、心理、社会等多个方面。

老年抑郁症的主要特点是:情绪压抑、沮丧、痛苦、悲观、厌世、自责,甚至出现自杀倾向或自杀行为、食欲下降、失眠早醒等现象。患病的老年人对自己过分关注,遇事时过度担心,想问题时趋向于负面,导致情绪持续低落。情绪低落是其最典型的表现。患抑郁症的老年人终日愁眉苦脸,对外界失去兴趣,体验不到快乐,不愿活动,同时有明显的自卑感,甚至因厌世而产生自杀的念头。患抑郁症的老年人思维活动受到抑制,不能将注意力专注于某件事情,记忆力明显下降,感到脑子变得迟钝,生活中很简单的问题都难以解决。多数患抑郁症

的老年人会产生一系列生理上的不适症状,包括全身乏力、失眠、食欲减退、便秘、体重减轻等。

专栏 2-2

张奶奶的变化

76岁的张奶奶最近一年以来好像变了个人:不爱运动,动作缓慢僵硬,简单的家务劳动需很长时间才能完成;不爱主动讲话,每次都以简短低弱的言语答复家人;面部表情僵硬,有时双眼凝视;对外界事物常常无动于衷,只有在提及她故去的老伴时,才眼含泪花。张奶奶说许多事情都做不了,想不起怎么做,头脑一片空白。经过心理医生诊断,发现张奶奶因老伴去世遭受了巨大的精神打击,患上了抑郁症。

(四) 恐惧

随着身体的老化,老年人变得越发害怕生病。一方面,老年人担心生病后自己生活难以自理,给家人带来麻烦,变成家庭的累赘;另一方面,一旦生病,特别是重病,老年人似乎就感觉离死神不远了。因此,老年人对疾病和死亡通常会产生恐惧感。

二、引发老年人情绪问题的因素

(一) 生理和性格因素

1. 感官的老化

身体衰老是首先、直接引发老年人心理变化的因素。感官的老化使老年人对外界和体内的刺激信号的接收和反应大大减弱,给老年人生活带来了极大的不便,可能会引发老年人的苦恼和焦虑,这对老年人的心理将产生负面的影响。随着年龄增长,多数老年人喜静不喜动,害怕孤独和被别人嫌弃。面对身体机能的日渐衰退和疾病缠身,大多数老年人会表现出害怕、恐惧和悲观的情绪反应。虽然每个人衰老的速度不同,但衰老始终是不可避免地发生着的,而死亡则是衰老的终极结果。生理的衰老和死亡的临近对老年人的心理影响是转折性的和持久性的。

2. 日常活动能力的下降

随着年龄的增长,老年人的体力和精力明显下降,对许多事产生心有余而力不足的感觉。对于多数老年人来说,原本健康的身体出现疾病并由此带来的自理能力下降,容易使其产生无用感、无助感和自卑感,从而导致抑郁的产生。日常活动能力是老年人维持社会活动的基础,如果活动能力下降,容易产生孤独感,身体灵活性下降,影响生活自理能力,从而引发情绪沮丧、低落,导致抑郁。生活自理能力下降使老年人依赖家庭和社会的照顾,其自我概念会随之降低,如果得不到充分的照顾,老年人便会产生无助感和绝望感等情绪。

专栏 2-3

看病是最发愁的事

今年80多岁的张大爷，患心脏病已经20多年了，每年都要在医院住上一两个月。因为花销大，加上自己行动不便，儿女不在身边，无人护理，每次住院都让老人有不小的心理负担。由于医院的床位紧张，老伴儿拿着住院证天天跑医院，有时候得一周时间才能等来一张床位。住院期间，老伴儿每天在医院陪护张大爷，带张大爷做检查，一天几项检查做下来，两个人都累得像散了架，看病成了最发愁的事。

3. 性格因素

一般来说，性格比较开朗、直爽、热情的老年人，抑郁症的患病率较低，而性格过于内向或者平时过于好强的老年人易患抑郁症，这些老年人在身体出现不适或者慢性病久治不愈时会变得心情沉闷，或者害怕绝症，或者恐惧死亡，或者担心成为家人的累赘，从而形成一种强大而持久的精神压力，并引发抑郁。

（二）退休

退休对老年人来说是一个重要的生活转折，老年人退休后，生活重心转向家庭。老年人的主导活动和社会角色也随之发生改变，从工作单位转向家庭，社会关系和生活环境较以前显得陌生，加上子女工作、结婚后离开家庭，过去那种热闹的氛围一去不复返，老年人对新的生活规律往往又不能很快适应。老年人一方面希望能常常与家人在一起，另一方面又担心自己会拖累家人，给家人带来麻烦和累赘，心理变得比较敏感，被冷落的心理感受便会油然而生。

退休后，老年人的活动范围变窄，经济收入减少，人际关系和社会地位发生改变。如果老年人不能适应这种改变，容易出现情绪变化。有的老年人退休后变得闷闷不乐、郁郁寡欢、不爱说话；有的变得急躁易怒、坐立不安、唠叨话多。在行为上也会发生变化：有的行为反复、无所适从；有的注意力不能集中，做事经常出错；有的对现实不满，容易怀旧并产生偏见。子女长大后，逐渐离开家庭，去学习、工作并建立自己的家庭，不再与父母朝夕相处，老年人的情感纽带削弱。对于住在养老院的老年人来说，如果子女不常来探望，他们会更加感到孤独、无助，甚至产生遭子女嫌弃的感受。

专栏 2-4

退休三个月，心里越来越不平衡

3个月前祝阿姨退休了，丈夫认为所有的家务都应该由她来承担，因此，小到拿东西，大到擦窗户，都要祝阿姨来做。刚开始，祝阿姨觉得自己多做一点是应该的。但久而久之，祝阿姨心里越来越不平衡，经常和丈夫

因为这些事闹得很不愉快。前几天,祝阿姨在烧菜的时候被油烫伤了,丈夫回到家后非但没有询问她的伤情,还对她冷言冷语。这让祝阿姨很伤心,积聚已久的不快一下子爆发出来,祝阿姨和丈夫大吵了一架。

思考: 在上述案例中,祝阿姨面临的主要困境是什么?应该如何解决?

(三)家庭因素

家庭结构的核心化对老年人的生活和心理会产生一定的影响。随着社会经济的发展,人们的生活方式和价值观念,特别是家庭观念和生育观念有了较大的变化,家庭结构也随之发生明显的变化,家庭日趋小型化是现代家庭的共同特点。许多年轻人成家后自立门户,不再与老人居住在一起。子女与老人的分居不仅使老年人的日常生活难以得到子女的照顾和关心,对老年人传统的家庭观念也有较大的冲击,老年人经常感到寂寞孤独。尊重和爱对老年人来说是十分重要的心理需要,老年人可以在与子女的交往过程中获得。如果家庭中人际关系和谐,气氛融洽,儿女们能够对老年人表示出充分的尊重,并给予他们合适的关心和照顾,老年人就能获得较大的心理满足。

代沟往往会导致家庭内部人际关系矛盾的产生。代沟是代与代之间在价值观念、思想感情、心理状态、生活习惯等方面存在的差异。由于老年人的生活经历、成长背景、教育环境等和年轻人有较大差别,代沟问题会不可避免地出现。小到生活中的穿衣吃饭,大到职业、婚姻的选择,老年人和年轻人的看法都可能存在很大分歧,两代人的矛盾也将随之而来,这对老年人的心理将产生不良影响。

专栏 2-5

为什么就是和孩子们说不通呢

孙女出生后,林阿姨兴冲冲地来到儿子家帮忙带孩子。刚开始在一起生活,两代人彼此客客气气倒也相安无事。然而平静的生活没有维持多久,生活习惯上的代沟便越来越深。比如,她让小两口不要买婴儿床,但他们执意要买,说要培养孩子独立,结果买回来却闲置不用。周末,早饭热了又热,小两口却带着孩子睡懒觉,起来后还会到外面去吃早餐。林阿姨不明白,自己也算知识分子,为什么就是和孩子们说不通呢?

思考: 如何解决代沟问题呢?

因为代沟而出现矛盾时,无论是老年人还是年轻人都要让步折中,如果条件允许的话,可以分开生活。两代人保持一碗汤的距离最好(一碗煲好的汤给老人送去还不凉的距离),也就是说子女的住处和老人的住处离得不太远,这样不仅能相互照顾,而且彼此都可以按照自己喜欢的方式生活,矛盾也会随之减少,感情也不受影响。年轻人既能有自己的世界,又能方便照顾老人;老人也可

以帮子女照顾孩子,一定程度上为子女减轻压力,让子女有时间和精力去工作。如果必须要住在一起,当两代人出现代沟的时候,年轻人要从孝顺的角度,耐心听取老人意见和想法,让老人感受到尊重和关爱,这样更容易营造一种平等、民主、和谐的家庭氛围。老年人也不应该墨守成规,固执己见,毕竟年轻人接受新事物快,思想理念新,老年人不妨也摒弃一些旧思想、旧习俗,在思想上顺应新的时代潮流。老年人切记不要以长辈的身份强迫晚辈听自己的话。如果老年人都能正视代沟的问题,理性地去解决问题,而不是逃避问题,家庭关系便会越来越和谐,老年人也会身心愉快。

(四) 经济因素

经济收入影响着老年人的心理状况。如果经济方面比较拮据,老年人可能会为生活发愁,容易产生焦虑不安的情绪。特别是一些患病的老年人,则时常需要子女或亲友的接济,依赖性较强,这会使老人觉得自己是累赘,产生自卑感。相反,如果老年人有足够的经济基础,不仅基本的物质生活得以保障,而且老年人由于能够自立,对于子女和外界的经济依赖较轻,往往显得自信心十足,自尊水平较高。

农村家庭的经济来源较单一,农村老年人的经济条件也相对较差,所以农村老年人的抑郁症发生率高于城市老年人,许多有抑郁情绪或者轻度抑郁症状的农村老年人,因为没有得到及时干预和治疗而延误治疗时机。抑郁会导致老年人生理功能的弱化,出现功能性精神障碍,严重降低老年人生活质量,使原来患慢性病和精神障碍的老年人病情加重,伤残率升高,甚至自杀。

张大爷看病花光了自家的所有积蓄

今年70多岁的张大爷有两个儿子,10年前张大爷身体健康时,大儿子和小儿子达成协议,张大爷的房子归小儿子所有,大儿子放弃继承权,张大爷的生老死葬由小儿子承担。可就在两年前,张大爷突然患病,小儿子为给张大爷看病花光了自家的所有积蓄,造成自己生活拮据。为了能让张大爷获得更好的医疗和生活照顾,在居委会的调解和帮助下,张大爷的大儿子同意与弟弟一起承担照顾老父亲的责任。

(五) 婚姻因素

婚姻状态对于每个人的生理和心理的影响都是非常大的,美满的婚姻生活、和谐的夫妻关系令人幸福、快乐,并产生安全感和归属感,而不幸的婚姻则让人悲伤和痛苦。此外,外界环境对个体的婚姻评价也会影响其心理状态。根据《中国婚姻家庭报告2022版》,我国的离婚率从2000年的0.96‰上升至2020年的3.1‰。与年轻夫妻离婚不同,老年夫妻离婚往往是因为家庭关系和财产关系较为复杂、家务琐事牵扯较多、感情积怨较深,一旦双方有了摩擦,就容易成为导火索,引发双方离婚。

模块二 老年人的情绪特点及护理中的应对

老夫妻怄气上法庭

80多岁的张老太一纸诉状将其老伴儿告上法庭,要求离婚。"我前几天把脚扭了,他对我不管不问,这日子没法过了",张老太愤愤地说。"哪里是我不管她,是她因琐事跟我怄气,把我推出家门,不让我照顾她。"老伴儿很委屈地说。法官了解到,两位老人已结婚50多年之久,夫妻感情基础很好。起诉前,张老太因琐事与儿媳发生争执,认为老伴儿没有护着她而心生怨念。法官通过耐心细致的工作,帮助两位老人化解了心结,两位老人重归于好。

有些离婚和丧偶的老年人会再婚,而再婚后也会遇到很多问题,例如,如何适应对方的生活习惯、如何面对双方的子女、家庭财产如何分配等,这些都会使老年人的心理产生困扰。老年人再婚时往往已经积累了一定数量可供支配的财产,现实中涉及再婚老人的离婚诉讼中,对婚前个人财产和婚后夫妻共同财产的认定多成为争议的焦点,为了避免再婚后可能发生财产纠纷,老年人再婚前可以进行规范合法的财产公证或立遗嘱厘清财产,从而打消再婚老人彼此及子女的疑虑,在保障自身财产合法权益的同时促进家庭和谐。

专栏 2-8

儿子不满房产证加继母名字而起诉

孙大爷丧偶后,经人介绍与夏大妈相识,短暂相处后两位老人登记结婚。婚后,孙大爷在夏大妈的要求下,将她的名字加到了房产证上。儿子表示强烈不满,认为父亲这样的行为不妥当,于是将父亲和继母告上法庭。孙大爷认为这份家产是他挣下的,想给谁就给谁。法院经审理后认为,该份房产属于孙大爷和前妻的夫妻共同财产,拥有继承权的儿子也拥有处置权,孙大爷未经儿子同意擅自处分共同财产,属于无权处分行为。

当然,除了婚姻本身之外,社会外界对老年人婚姻,特别是对老年人离婚和再婚的看法也在很大程度上影响老年人的心理,无形中增加老年人的心理负担。对于老年人再婚,社会应该给予充分的支持和理解。

七旬老人因子女干涉而无奈诉请离婚

现年70多岁的张叔叔是一名退休工程师。去年,张叔叔因高血压而卧病在床,工作繁忙的子女们请了50多岁的吴阿姨来照顾他。随着张叔叔身体的日益康复,他与同是丧偶的吴阿姨产生了感情,于是两人登记结

婚。但对于父亲的选择,张叔叔的子女们表示很不理解。被逼无奈之下,张叔叔只得起诉到法院离婚,请求解除自己与吴阿姨的婚姻。最终,法官对张叔叔的子女们进行了教育,在子女们的致歉和保证下,张叔叔撤回了离婚诉请。

(六)配偶或亲友死亡

亲友的离世,特别是配偶的去世往往对老年人造成较大的精神创伤,易诱发抑郁症。相濡以沫共同生活了几十年,有着共同的生活习惯、生活经历的老夫妻,当有一方离世时,会对未亡人的生活带来很大的冲击,使其产生强烈的不稳定感。亲友的亡故是老年生活中无法回避的,它不但使老年人的情感纽带越来越单薄,而且会引起老年人对死亡的恐惧,更会加重老年人对自己生命即将结束的感慨和无助。如果配偶或亲友死亡引发的悲哀不能得到有效倾诉和排解,将会引发老年人抑郁。

专栏 2-10

张阿婆半年没下楼

60多岁的张阿婆兴趣广泛,经常参与社区活动。但是在半年前,张阿婆的老伴患病离世,这对她的打击非常大。老人家情绪低落,对什么都提不起兴趣,足足半年都没下楼,也不愿接触外面的世界,显得很颓废、很焦虑。最近一周,张阿婆总是感觉自己胸闷不适,担心自己患上心脏病。但是到医院一检查,却排除了患心脏病的可能。随后,老人家到心理精神科就诊,确诊患有抑郁症。

案例中的张阿婆,原本老年生活丰富,却在老伴儿离世后半年没下楼,这是典型的老年丧偶后情绪行为反应。丧偶老年人往往要经历一个剧烈悲痛的心理过程,即自责、怀念和恢复三个阶段。① 自责。在这一阶段丧偶老年人往往把配偶的死归结为自己的责任。例如:"都怨我,当时如果我能及时注意,他(她)就不会走得这么快了。""为什么没有坚持让他(她)去医院检查?""老伴儿,你不该走的,我常让你生气,都怨我对你不好,没能好好照顾你。"悲伤愧疚之情长期萦绕在心头,有些老年人在很长一段时间不和他人交流和沟通,生活更加自闭。② 怀念。在这一阶段丧偶老年人不断地回忆配偶生前的往事,头脑中常会出现配偶的身影,甚至幻听到配偶的声音,每看到遗物,更是触景生情。老年人幻想着配偶能起死回生,但自己又无能为力,导致吃不下饭,睡不着觉,精神恍惚,产生抑郁和焦虑等消极情绪。③ 恢复。在这一阶段丧偶老年人在亲人的关怀和帮助下,领悟到生老病死是无法抗拒的自然规律,了解自己还没有走到生命的尽头,还有许多事情要做,要好好活下去,于是开始全新的生活,如参加社区的活动,与儿女孙辈团聚,拜访亲友等,身心渐渐恢复常态。

丧偶对老年人来说是最沉重的打击,可采取以下方法帮助他们尽快摆脱或缩短因过度悲伤而引起的情绪问题。

1. 鼓励宣泄

护理人员应该允许并鼓励老年人哭泣和反复地诉说,这对老年人的心理健康是非常有益的。传统的观念把哭泣看作软弱的表现,因此有些老年人在丧偶后,在他人面前强忍悲伤,从不失声哭泣,但是这样做会使他们感到更加压抑或消沉。应该告诉老年人,人在痛苦时哭泣是一种很自然的情感表现,而不是软弱,鼓励他们通过哭泣宣泄情绪。

2. 安慰与支持

在刚刚得知配偶去世的消息后,老年人可能会出现情感休克。在这段特殊时期,护理人员和家人一定要多抽出一些时间来陪伴老人,让老人感受到除了老伴儿,世上还有深爱自己的其他家人和朋友。在安慰与关心老人的同时,护理人员可以轻轻握住老人的手,或抱抱老人,这样做不仅能使老人感到他们并非独自面对不幸,而且可以鼓励他们战胜孤独。由于承受了巨大的打击,丧偶老年人往往难以对关心和安慰做出适当的反应或表达感激,他们甚至拒绝他人的好意,这时千万不要放弃对老年人的安慰,不断给予他们关怀对他们是非常有益的。护理人员可以鼓励丧偶的老年人说出自己的内疚感和引起这种内疚感的想法、事件等,并帮助他们分析老伴儿的亡故是否是他们的责任、他们的自责心理是否恰当,并帮助他们改变不现实的想法,学会谅解与释怀,以积极的方式面对未来的生活。

3. 转移注意力

人的注意力是有限的,当个体在注意一件事情的时候,便有可能忽视其他事情。在正常情况下,注意力使个体的心理活动朝向某一事物,使个体有选择地接受某些信息,而抑制其他活动和其他信息,并集中全部的心理能量作用于所指向的事物。过度悲哀会使人心身憔悴,所以护理人员在照顾好老年人饮食起居的同时,还可以建议老年人读书、听音乐和锻炼身体,这样不仅可以缓解紧张、焦虑的情绪,而且可以防止因悲哀诱发的其他身心问题。同时,还可以建议老年人做一些有利于他人的力所能及的事,利他行为可以有效地减轻丧偶的自责和悲哀。老年人若经常看老伴儿的遗物,会强化其思念之情,护理人员可以建议老年人把遗物暂时收藏起来,这样可以减轻精神上的痛苦。此外,陪老年人散步或请其家人接老年人到亲戚朋友家小住一段时间,有助于转移老年人的注意力并开阔视野,悲痛的情绪也会随之减轻。

4. 建立新的依恋关系

老年人丧偶后,原有与伴侣相依为命的生活方式被打破,这时护理人员应该帮助老年人与子女、亲友重新建立和谐的依恋关系,使他们感受到虽然失去了一个亲人,但家庭成员间的温暖和关怀依旧,感到生活的连续性,也有安全感,从而使他们尽快走出丧偶的阴影,投入新的生活。再婚有利于摆脱孤独,有助于老年人身心健康和建立新的依恋关系。

5. 寻找新的生活方式

护理人员要协助老年人纠正一些错误的思想。丧偶老年人往往会把悲哀的时间和强度等同于对死者的感情，护理人员应该让老人明白，痛苦和悲哀不是衡量某种关系价值的指标，随着时间的推移，悲哀的淡化并不意味着对逝者的背叛。老伴儿过世后，老年人应当重新调整生活方式，减少对原来生活方式的眷恋。

（七）社会因素

尊老爱老是中国人的传统美德，尤其是在中国已步入老龄化社会的今天，整个社会都应该关注、爱护、尊重老年人，形成良好的社会风气，这有利于老年人积极心理的形成。家庭养老是我国目前最主要的养老形式，社会养老今后将成为趋势。通过国家和社会向老年人提供具有优惠性质的生活、医疗、保健、娱乐、教育等服务，实现老有所养、老有所医、老有所为、老有所乐、老有所学。良好的社会福利无疑为老年人幸福安度晚年创造了条件，对老年人的心理也将产生积极影响。

> **专栏 2-11**
>
> **孝敬父母是中华民族的优良传统**
>
> 徐大爷生活无法自理，老伴儿除了照顾丈夫的生活起居，还要耕种农田以维护日常基本生活。老人的子女虽然在同村居住且距离较近，但因自身家庭原因及多年来的分家不公问题，对老人疏于照顾，长时间不登父母门，不尽赡养义务，造成老人居住环境较差，日常生活较为困难。法院受理徐大爷的起诉后，从亲情、老人的难处、子女的义务与责任等角度做调解工作，两个子女均表示今后在支付赡养费、日常护理和精神慰藉等方面做得更好。

任务三 掌握老年焦虑症和老年抑郁症的心理护理方法

一、老年焦虑症的评估、诊断与心理护理

（一）老年焦虑症的评估、诊断

1. 评估

对患焦虑症老年人的评估内容主要包括以下几个方面。

（1）基本状况，包括：身体健康状况，日常生活习惯，行为表现，经济水平等。

（2）社会心理方面，包括：家庭成员关系，人际交往，社交活动参与情况，沟通方式和问题处理方式。

（3）以往经历，包括：生活经历的变迁，曾遇到过哪些压力事件，是如何应对的，应对方式是否符合事件发生时的情境。

(4) 自我认知,包括:患者的自我描述和自我评价,对自己与他人关系的理解和认识,对自己的情绪行为和各种感受的描述。

2. 诊断

焦虑症是老年人常见的心理疾病,给老年患者的身心健康及生活质量带来了较大的影响。可以使用焦虑自评量表(Self-Rating Anxiety Scale,SAS)对老年焦虑症进行评估(详见附录1),焦虑自评量表可用来评定老年人最近一周的情绪状态。焦虑和抑郁常共病并且难以区分诊断。焦虑与抑郁共病的老年患者往往占用更多的医疗服务,生活质量更差,机体功能下降,伴有严重的躯体症状和强烈的自杀意念。区分焦虑和抑郁,关键在于以下几点:症状出现顺序(哪个是首发症状),焦虑与抑郁哪个更为严重,临床上突出症状是害怕还是悲伤。广泛性焦虑障碍常出现于抑郁发作之前。

(二) 老年焦虑症的心理护理方法

焦虑是一种常见的情绪,由紧张、恐惧、忧虑等不良情绪组成。表现形式为主观体验的不安、紧张,行动上表现为运动不安及自主神经唤起等。常用的缓解老年焦虑症的心理护理方法有合理情绪法。合理情绪法是指人们的情绪障碍是由人们的不合理信念所造成,以合理的思维方式代替不合理的思维方式,以合理的信念代替不合理的信念,可以减少或消除他们的情绪障碍。护理人员的主要任务是对老年人的心理问题进行初步分析,通过与老年人交谈,找出他情绪困扰和行为不适的具体表现,以及与这些反应相对应的诱发性事件,并对诱发性事件和情绪之间的不合理信念进行初步分析。

1. 理解领悟

护理人员帮助老年人领悟合理情绪法的原理,使老年人认识并理解:① 引起其情绪困扰的并不是外界发生的事件,而是自己对事件的态度、看法、评价等认知内容;② 是信念引起了情绪及行为后果,而不是诱发事件本身;③ 改变情绪困扰的关键不是致力于改变外界事件,而是应该改变自己的认知,通过改变认知,进而改变情绪。只有改变了不合理信念,才能减轻或消除自己目前存在的各种症状,如绝对化要求,通常与"必须""应该"这类字眼连在一起,如"别人必须很好地对待我""我必须获得成功"等不合理信念。

绝对化要求是个体以自己的意愿为出发点,对某一事物持有必定会发生或必定不会发生的信念。怀有这样信念的人极易陷入情绪困扰中,因为客观事物的发生、发展都有其规律,是不以人的意志为转移的。就具体的个体来说,他不可能在每一件事情上都获得成功,他周围的人和事物的表现和发展也不可能以他的意志为转移。合理情绪法就是要帮助个体改变这种极端的思维方式,认识其绝对化要求的不合理、不现实之处,帮助个体学会以合理的方式看待自己和周围的人与事物,从而减少陷入情绪障碍的可能性。

2. 改变信念

护理人员应运用多种技术,使老年人修正或放弃原有的非理性观念,并代之以合理的信念,从而使症状得以减轻或消除。与不合理信念辩论,这种方法

主要是通过护理人员积极主动的提问来进行的,其内容紧紧围绕着老年人信念的非理性特征。一是过分概括化。过分概括化是一种以偏概全、以一概十的不合理思维方式的表现,如失败时,往往会认为自己"一无是处""一钱不值"等。以自己做的某一件事或某几件事的失败结果为依据做自我评价,其结果常常会导致自责、自卑的心理,产生焦虑和抑郁情绪。过分概括化的另一个表现是对他人的不合理评价,即别人稍有差错就认为他很坏、一无是处等,这会导致老年人一味地责备他人,以致产生敌意和愤怒等情绪。护理人员要帮助老年人认识到在这个世界上,没有一个人可以达到完美无缺的境地,所以每个人都应接受自己和他人是有可能犯错误的。

二是感觉糟糕至极。糟糕至极的感觉常常是与人们对自己、对他人及对周围环境的绝对化要求相联系而出现的,即在人们的绝对化要求中"必须"和"应该"的事情并非像他们所想的那样发生时,他们就会感到无法接受这种现实,因而就会走向极端,认为事情已经糟到了极点。认为如果一件不好的事发生了,将是非常可怕、非常糟糕,甚至是一场灾难。这将导致老年人陷入极端不良的情绪体验,如耻辱、自责、焦虑、悲观、抑郁。运用合理情绪法,护理人员可以帮助老年人认识到非常不好的事情确实有可能发生,尽管有很多办法可以阻止这些事情的发生,但没有任何理由说这些事情绝对不该发生。老年人必须努力学习接受现实,一方面尽可能地去改变发生这些状况的因素,另一方面学会理性地看待和接受已发生的事实,积极面对未来的生活。

3. 重建信念

护理人员不仅要使老年人认识到自己的不合理信念,也要使他分清什么是合理信念,什么是不合理信念,并帮助他学会以合理的信念代替那些不合理的信念。护理人员帮助老年人在认知方式、思维过程以及情绪和行为表现等方面重新建立起新的反应模式,减少他在以后生活中出现情绪困扰和不良行为的倾向。当老年人对这些信念有了一定认识后,护理人员要及时给予肯定和鼓励,使他在某些不希望发生的事情真的发生时,也能以合理的信念来面对。

需要注意的是,与不合理信念辩论是一种主动性和指导性很强的认知改变技术,它不仅要求护理人员对老年人所持有的不合理信念进行主动发问和质疑,也要求护理人员指导或引导老年人进行积极主动的思考,促使他们对自己的问题深入思考,这样做比老年人只是被动地接受护理人员的说教更有成效。

二、老年抑郁症的评估、诊断与心理护理

(一)老年抑郁症的评估、诊断

1. 评估

对患抑郁症老年人的评估内容主要包括以下几个方面。

(1)基本状况,包括:身体健康状况,日常生活习惯,行为表现,经济水平等。

(2) 社会心理方面，包括：家庭成员关系，人际交往，社交活动参与情况，沟通方式和问题处理方式。

(3) 以往经历，包括：生活经历的变迁，曾遇到过哪些压力事件，是如何应对的，应对方式是否符合事件发生时的情境。

(4) 自我认知，包括：患者的自我描述和自我评价，对自己与他人关系的理解和认识，对自己的情绪行为和各种感受的描述。

2. 诊断

可以使用老年抑郁量表（Geriatric Depression Scale,GDS）对老年抑郁症进行诊断，老年抑郁量表用来评定老年人最近一周的情绪状态，是老年人专用的抑郁筛查表。量表测评结束后，探寻原因时，尽可能采用开放式的问题，鼓励和引导老年人倾诉自己的内心感受，避免直接使用"抑郁"等刺激性的语言。如果老年人出现强烈的情绪反应，可以通过目光、点头、握手、递纸巾等动作表达对他的关心。

依据所收集的资料、检查和前期的初步评估来识别老年抑郁症并不困难，只要发现老年人具有持续两周以上的抑郁、悲观情绪，伴有下述九项症状中的任何四项以上者，都可诊断为老年抑郁症。这九项症状包括：① 对日常生活丧失兴趣，无愉快感；② 精力明显减退，无原因的持续疲乏感；③ 动作明显缓慢，焦虑不安，易发脾气；④ 自我评价过低、自责或有内疚感，严重感到自己犯下了不可饶恕的罪行；⑤ 思维迟缓或自觉思维能力明显下降；⑥ 反复出现自杀观念或行为；⑦ 失眠或睡眠过多；⑧ 食欲不振或体重减轻；⑨ 性欲明显减退。

(二) 老年抑郁症的心理护理方法

1. 多与老人沟通交流

护理人员平时应该多和老年人进行沟通、交流，从他微小的情绪变化上发现其心理的矛盾、冲突并进行鼓励和开解，帮助他树立治愈的信心。护理人员通过耐心倾听或细心交流的方式，给予老年人关怀，并应注意语言的运用，即语气温柔、态度和善。护理人员应注重对老年人情绪与心理状态变化的把握，鼓励老年人运用语言、行为活动对内心情感进行宣泄，使其能够改变自身原有思想状态，提高老年人的生活信心。

2. 鼓励老年人参加社会活动

护理人员要鼓励老年人积极参与社会生活，融入社区或养老机构生活，拓展人际交往圈，使晚年生活充满乐趣。如参加社区老年志愿者服务队、跳广场舞、参加书法比赛等，通过参加活动增加与同龄人的沟通，降低老年人心理孤独感。参加社会活动能使老年人保持身心愉悦，改善抑郁状况，对老年人恢复健康有促进作用。

3. 培养兴趣爱好

培养兴趣爱好可以分散老年人的注意力。老年人的性格各不相同，有内向腼腆的，有外向开朗的，有喜静的，还有喜欢热闹的。性格内向、好静的老年人，可以选择书法、画画、下棋、种花、养鱼等项目,来修身养性、陶冶情操。如果耐性好、双手灵活,还可以选择泥塑、编织、雕刻、篆刻等专业性较强的项目。性格开朗、喜欢热闹的老年人,可以选择唱歌、跳舞、打球、摄影、形象设计等项目。老年人可以从兴趣爱好中得到乐趣,获得成就感和满足感,对自身价值给予肯定,从而改善悲观、低落和消极的情绪。

4. 建立社会支持网络

一个人所拥有的社会支持网络越强大,就能够越好地应对各种来自环境的挑战。个人所拥有的资源可以分为个人资源和社会资源。个人资源包括个人的自我功能和应对能力,社会资源是指个人社会网络的广度和网络中的人所能提供的社会支持功能的程度。社会支持是一种资源,是个人处理紧张事件问题的潜在资源。子女要多给予老年人关心和理解,因为家人的支持和帮助可大大增强老年人的生活信心;子女也要多陪伴父母,与父母进行交流和沟通,这些都可以给予老年人精神寄托,从而有效预防老年抑郁症。邻里应与老年人多沟通,多关心和安慰老年人。社区应鼓励老年人参与社区活动,给予其良好的社会支持;多帮助老年人回顾过去的生活,重新体验过去生活的片段,并给予新的诠释,协助老年人了解自我,减轻失落感,增加自尊。

5. 心理治疗和药物治疗相结合

在老年抑郁症的治疗方面,通常采用心理治疗和药物治疗相结合的方法。心理治疗在治疗中的地位十分重要,通过倾听、理解、疏导、鼓励等方式,使老年人产生安全感、树立自信心,帮助老年人扩大活动能力,增强适应社会、应付环境的能力。药物治疗也非常重要,它治疗抑郁症的有效率可达70%~80%,但要特别注意用药的剂量及其副作用。

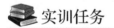 实训任务

患抑郁症老年人的心理护理

1. 训练目的

(1) 熟悉老年抑郁症的心理评估与诊断方法。

(2) 掌握患抑郁症老年人的心理护理方法。

2. 训练准备

(1) 环境准备。安静、整洁,光源可调节,通风良好的心理护理实训室,并配有桌子、椅子或沙发。

(2) 用具准备。准备一份空白的老年抑郁量表及评分标准,一支记录用的笔,一盒纸巾(患抑郁的老年人容易流泪,提供纸巾备用)。

(3) 学生准备。扮演老人和家属的学生要做好测评准备,扮演心理测评员和护理人员的学生要熟悉评估方法和心理护理方法

3. 操作示范

(1) 讲述实训的目的和要求。

(2) 实施评估。

(3) 结果判定。

(4) 心理护理。

4．学生练习

(1) 将学生分为4人一组，分别扮演老人、老人家属、心理测评员和护理人员。

(2) 针对测评结果做出问题评估、诊断及服务计划设计。

(3) 通过角色扮演展示对患抑郁症老年人的心理护理服务。

5．效果评价

(1) 学习态度。是否以认真的态度对待训练？

(2) 技能掌握。是否能将所学的理论知识与实训有机结合，有计划、步骤清楚、过程完整地完成实训？

(3) 职业情感。是否理解老年人心理护理工作的意义？

(4) 团队精神。在实训过程中，小组成员是否团结协作，积极参与，提出建议？

思考题

1．老年人情绪有哪些特点？

2．老年人常见的情绪问题有哪些？

3．如何对患焦虑症老年人进行心理护理？

4．如何对患抑郁症老年人进行心理护理？

模块三
老年人的个性特点及护理中的应对

学习目标

1. 了解老年人的个性特点。
2. 了解老年人常见个性问题及临床表现。
3. 掌握老年人常见个性问题的心理护理方法。

- 任务一　了解老年人的个性
- 任务二　知晓老年人常见个性问题的成因及临床表现
- 任务三　掌握老年人常见个性问题的心理护理方法

模块三　老年人的个性特点及护理中的应对

情境导入

看不懂的老人家

刘婆婆退休后,突然喜欢和身边的人"比惨"。别人说颈椎疼,她会说她头晕;别人说有点儿中暑,她便说她也难受了好几天。家人越来越不喜欢和刘婆婆说话。

退休半年的牛先生争取到了单位返聘的机会,可近来他很不开心:"之前的下属,现在成领导了,新的工作内容总学不明白……"为此,牛先生天天生闷气。

张阿姨在工作中对细节要求十分严苛,退休后她以同样的标准要求家人,为此常与家人发生冲突,她也感觉很委屈。

问题讨论：

1. 试分析刘婆婆跟身边人比"惨"的心理动机。
2. 试分析牛先生产生困扰的原因。
3. 有哪些方法可以帮助张阿姨尽快完成角色转换？

任务一　了解老年人的个性

个性又被称为人格,代表着一个人的整体精神面貌,是一个人与其他人相区别的特质或心理特征。它是个体在与社会生活环境相互作用过程中逐步塑造出来的独特的认知方式、情感特征和行为风格。一个人的个性特征决定了他如何认识和理解外部事物,如何思考问题,对待事物的态度和动机以及行为方式。个性特征对老年人的生活质量和心身健康具有极其重要的意义。

一、老年人个性的含义及特点

(一) 个性的含义

说到老年人的个性,大家一定会想到海明威笔下坚忍不拔、永不放弃的桑提亚哥(《老人与海》主人公),会想到鲁迅笔下方正、博学、质朴的寿镜吾先生(《从百草园到三味书屋》中的人物),会想到高尔基笔下英勇无畏又不失慈爱和善的母亲(《母亲》主人公)吧。文学大师笔下这些经典的人物形象所展现出的鲜明个性特征,是否就是心理学中的"个性"概念呢？ 的确,个性将我们与其他人区别开来,是一个人所具有的各种稳定而独特的心理特征的总和。如果将这些复杂的心理特征进行分解,则它主要包括气质、性格和能力三个方面。

1. 气质

在探究人们的心理状态时所讨论的"气质"并非人们挂在嘴边的"腹有诗书气自华"的风骨和外表,而是指心理活动的速度(如语言、感知觉及思维的速度等)、强度(如情绪体验的强弱、意志的强弱等)、稳定性(如注意力集中时间的长短等)和指向性(如内向性、外向性)。关于人的气质的探索是一个古老的心理学话题,早在公元前5世纪,古希腊学者希波克拉底就提出了体液说,即人的气质可以分为四种基本类型:胆汁质(兴奋型)、多血质(活泼型)、黏液质(安静型)、抑郁质(抑制型),尽管用体液解释气质类型缺乏科学根据,但我们在日常生活中确实能观察到这四种气质类型的典型代表,因此这四种气质类型的名称被许多学者所采纳并沿用至今。在日常生活中,我们也可以通过这些特征找到典型气质类型的老年人:直率、热情、精力旺盛、情绪易冲动、心境变换剧烈的胆汁质特征老年人;活泼、好动、敏感、反应迅速、喜欢与人交往、注意力容易转移、兴趣容易变换的多血质特征老年人;安静、稳重、反应缓慢、沉默寡言、情绪不易外露,注意力稳定但又难以转移、分配,善于忍耐的黏液质特征老年人;孤僻、行动迟缓、体验深刻、善于觉察别人不易觉察到的细小事物的抑郁质特征老年人。人的气质类型无好坏之分,每一种气质都有积极和消极两个方面,如胆汁质的人积极、热情,但也会任性、易发脾气;多血质的人情感丰富,易适应环境,但注意力不够集中,兴趣容易转移;抑郁质的人感情比较细腻,观察力敏锐,但耐受能力差,容易感到疲劳。气质影响人的一言一行,不同气质特征的人聚合在社会生活中,交互往来,扮演不同的社会角色,承担不同的社会责任,不同的言谈举止、喜怒哀乐让人们的社会生活丰富多彩,所以我们把气质比喻为生命的底色。

2. 性格

生活中,我们常常会听到人们说,这个人性格很温顺,那个人性格很外向,等等。那么,到底什么是性格呢?作为个性的重要组成部分,性格是人们对现实和周围世界的态度以及相应的行为方式,是相对稳定并具有核心意义的个性心理特征,具有复杂的结构。它包括:对现实和自己的态度的特征(如诚实或虚伪、谦逊或骄傲等),意志特征(如勇敢或怯懦、果断或优柔寡断等),情绪特征(如热情或冷漠、开朗或抑郁等),理智特征(如思维敏捷、深刻或思维迟缓、浅薄等)。一个人性格的形成会受到生物学因素的影响,但是更多的是在后天的社会生活中逐渐形成的,比如腼腆的性格、暴躁的性格、果断的性格和优柔寡断的性格等,都与个人的成长环境以及人生经验中的特定事件的影响分不开。

心理学家以个人对社会的适应性为主要参考系,将人的性格分为 A(平常型)、B(摩擦型)、C(平稳型)、D(领导型)、E(逃避型)五种类型。在生活中我们也可以观察到这些不同性格类型的老年人。如:A 型性格的老年人社会适应性较为均衡,智力表现和主观能动性一般,交际能力较弱;B 型性格的老年人往往表现为性格外露、遇事急躁、处理问题欠妥,人际关系紧张,容易造成摩擦;C 型性格的老年人善结人缘,人际关系好,但一般情况下表现比较被动;D 型性格的老年人则在生活中表现积极主动,人际关系较好,有组织能力;E 型性格的老年人表现为性格内向、不善交际、与世无争,但善于独立思考、有钻研性。性格不同于气质,它是一个人在社会生活中通过与他人和环境的互动逐渐形成的,由于受到社会文化的影响,因此性格具有明显的社会评价的意义。性格决定着人们对现实不同的态度和行为方式,在面对同一件事情时,有的人会选择这样做,有的人则选择那样做,而一系列不同的行动就会导致人们走上不同的人生道路,所以性格指导着人们的行动。

3. 能力

能力是直接影响一个人能否顺利完成各类任务活动以及活动效率的个性特征。从心理学的纬度看,能力分为一般能力、特殊能力和创造能力。一般能力是指一个人从事任何活动都必须具备的基本能力,是一个人能够维系正常的生活活动和顺利地进行各项学习和工作的基础,包括感知觉能力、记忆能力、想象力、思维能力、注意力、语言能力和操作能力。特殊能力是指通过专门性的实践和训练而形成的,保证一个人能顺利完成某项专门性活动和特殊技能所必需的能力。创造能力是指产生新观念、新思维以及发明、发现和创造新事物的能力。

迈入老年期之后,个体生理机能逐渐衰退。感知觉器官的感受能力衰退,表现为视力下降、听力减弱、感知觉的灵敏度降低、动作迟缓、平衡能力降低等;注意力减退,表现为注意力不易集中、注意分配能力降低;记忆力减退,表现为近期记忆、机械记忆、瞬时记忆降低,远期记忆相对较好;思维能力减退,表现为思维的强度、速度和灵活性方面都不如中青年时期,特别是抗干扰能力和调控思路的能力明显降低,思路易被打乱,常常难以连贯地思维,思维定势程度较强,不易转向思维,常常固执己见;想象能力减退,表现为对新的事物的接受能力降低;操作能力减退,表现为身体协调性减弱导致的动作缓慢。然而老年人也有其优势,老年人阅历深,见识广,经验丰富,善于理论思维,长于深谋远虑,考虑问题全面、深刻、实际。

综上所述,个性是个体各种行为活动以及各种心理机能的综合表现。它既包括个体通过遗传获得的先天素质,也包括个体在适应环境过程中所形成的需要、动机、信念、态度等内容。个性是个体发展过程中其生物属性和社会化相互作用的结果,是一个人独特的心理过程和精神面貌的集中体现。

(二) 老年人的个性特点

个体成长与发展的过程也是其个性不断健全与成熟的过程。从总体上看,个性具有相对稳定的特点。在人的一生中,个性是稳定发展的,老年期个体的个性可以看作是其青年期甚至是童年期的继续。但另一方面,个体在社会适应过程中,随着社会现实的变迁、生活处境的变化、年龄的增长、能力的发展、主观努力程度的变化,以及认知和思维水平的不断发展,个性又表现出连续性和变化性的特点。尽管个性中最本质的特征几乎不会发生改变,但在个体人生发展的每个阶段都有影响其个性的相应要素,如重大生活变迁和特定事件经历以及各种压力等。

1. 心理社会发展阶段理论

著名心理学家埃里克森提出"心理社会发展理论",将人生发展划分为八个阶段(如表 3-1 所示),并认为个体在每个发展阶段都有特定的心理危机和相应的解决危机的基本力量,而每个阶段危机的解决都对其未来发展与环境适应产生很大的影响,最终使其在老年期获得智慧和自我整合的圆满人生。老年期个体必须解决自我整合和悲观失望之间的冲突,在这一阶段,个体通过检验和评价自己以往的生活和成就,学习接受生活中所发生的一切,来完成对自己人生意义的理解,包括处理未了事宜,尽力挽回尚能挽回的事情,对无可挽回的事情释怀,从而形成个性中的积极成分,充满热情地主动适应老年生活。而那些无

法对自己生命感到安心的个体,则会对老年期的到来充满焦虑,被生命的无意义感所笼罩,无法获得个性中的积极成分。

表 3-1　埃里克森的人类心理社会发展阶段划分①

发展阶段	主要发展冲突与任务	基本品质	对老年期的积极影响
婴儿期 (0—1 岁)	冲突:信任对不信任 任务:对周围世界的信任超越不信任	希望	重视并信赖亲人及朋友,主动发展并维系人际联系
幼儿期 (1—3 岁)	冲突:自主对羞怯/疑虑 任务:在怀疑和羞怯中发展独立性	意志力	接受人生发展规律
儿童早期 (3—6 岁)	冲突:主动对内疚 任务:不断尝试新的事物,克服内疚,建立自信	目标	幽默,理解他人,良好的适应能力
儿童中期 (6—12 岁)	冲突:勤奋对自卑 任务:学习重要的知识、技能和生存技巧,勤奋感超越自卑感	能力	谦逊,接受生活中的挑战,积极探索并努力实现未完成的心愿
青少年期 (12—20 岁)	冲突:同一性对角色混乱 任务:发展自我同一性	忠诚	拥有完整、健康的自我意识,接纳并理解生活的繁杂,主动适应社会变迁
成年早期 (20—40 岁)	冲突:亲密对孤独 任务:对他人做出承诺,建立亲密联系	爱	重视爱与自由
成年中期 (40—65 岁)	冲突:繁衍对停滞 任务:培养下一代,生产与创造	关怀	照顾、理解和关心他人
成年晚 (老年)期	冲突:自我整合对绝望 任务:回顾一生,坦然面对死亡,而非失望、沮丧	智慧	获得自我认同和自我实现感,对抗躯体衰老,坦然度过晚年生活

2. 老年人的个性特点

进入老年期后,个体在生理状况、社会交往、社会角色地位和心理机能等方面的变化,使得其个性特征既表现出成熟和持续稳定的一面,如关心事物的本质、做事深思熟虑、沉稳、不赶时髦等,但也呈现衰退和变化的一面。大量的心理学研究发现,老年期个体个性变化主要有以下特点。

(1) 自我中心。性格由开始的固执己见和盲目自信最后发展到专横任性和顽固不化。

(2) 保守、执拗。由于学习能力和活动能力的降低,因而讨厌或难以接受新鲜事物,但却非常注重以前的习惯或想法,守旧思想较为严重。

(3) 愚鲁与偏执。随着对外界事物的关心程度日趋淡漠,对自己身体的注意却日益集中,性格变得极易过敏和神经质。

(4) 情绪化。由于生理上的老化、社会交往、角色地位的改变及生理机能的退行,情感体验敏感且强烈。

(5) 好猜疑、嫉妒心较强。由于视力和听力等感觉器官的老化,造成对外界事物的认识模糊和反应迟钝,往往容易陷入胡乱猜测、嫉妒和偏见暴躁等偏激

---

① 龚晓洁,张剑.人类行为与社会环境[M].济南:山东人民出版社,2011:187.

情感之中。

(6) 适应性减退。讨厌新奇的东西,偏爱旧日的习惯、想法,原因在于记忆力的减退和学习能力的减弱。

(7) 怨天尤人、爱发牢骚。由于衰老带来的活动范围缩小,不安全感和孤独感增加,缺少精神寄托,致使老年人出现较多的负面情绪。

(8) 依赖性强。由于身体的各项机能的衰退以及社会参与的减少,老年人往往表现出没有主见、缺乏自信。此外,还有一些老年人会出现自我弱化的心理暗示,甘愿置身于儿女从属的地位,被动顺从,感情脆弱。

(9) 抑郁倾向。生理机能的衰退让老年人觉得无助、无力,容易产生对自己和生活厌倦的情绪。此外,老年人退休后,巨大的心理落差使其容易出现孤独、焦虑、烦躁等不良情绪,如果不及时对这些消极情绪进行调解,就容易出现抑郁倾向,严重者会引发抑郁症。

强势的老母亲

自父亲去世后,刘女士夫妇便接来了68岁的母亲与他们同住,但同住一段时间后刘女士对母亲越来越不能忍受了,尽管以前母亲也比较强势,但是从没有像现在这么霸道而且不讲道理。母亲常常对她的私事指手画脚,例如限制刘女士购买衣服数量,不敲门便随意出入刘女士夫妇的卧室……甚至心情不好时对着刘女士夫妇又哭又骂,说她长大了、翅膀硬了就想抛弃辛苦养大她的老母亲。刘女士的丈夫怕惹恼丈母娘,尽量减少在家的时间,刘女士为母亲日渐霸道的行为苦恼不已,曾多次试图和母亲进行沟通,但母亲却又哭又闹。邻居大妈们都私下里说刘女士不孝顺,为了不节外生枝,刘女士夫妇只能忍气吞声。

思考: 1. 请分析刘女士母亲的个性特点。
    2. 尝试用埃里克森的心理社会发展理论分析刘女士母亲个性形成的原因。

3. 老年人的个性类型

美国老年心理学家皮克曾根据社会心理特征来分析人们自30岁以后的不同年龄阶段的性格状态:尊重智慧胜过尊重体力;社会的人际关系胜过两性的人际关系;情绪的平淡胜过情绪的丰富性;心理上的刻板性胜过心理上的随和性;关心自己胜过关心工作;关心身体健康胜过关心心理健康;以自我超脱来战胜对死亡的恐惧感。社会心理学家理查德·C.克兰德认为个体之间的个性存在较大的差异,因此根据老年人对社会的适应情况,把老年人的个性类型划分为以下五种①。

---

① 张志杰,王铭维.老年心理学[M].重庆:西南师范大学出版社,2015:138-139.

(1) 成熟型。这类老年人热爱生活，顺应社会进步；具有自觉、果断、坚毅的意志品质；淡泊宁静，经常处于愉快开朗的情绪状态；有独立见解，善于分析问题，富有创造力。

(2) 安乐型。这类老年人安于现实，能够较好地顺应退休后的角色变化，选择适合自己的休闲生活；依赖心理比较重，期待得到组织和家人的照顾，对社会活动缺乏兴趣；心境平和，知足常乐，但是懒于思考。

(3) 自卫型。这类老年人不愿正视衰老这一不可抗拒的自然法则，不服老，常常调动心理防御机制来抑制自己对衰老的恐惧，来抗衡老年期自尊的丧失；他们独立性强，有自制力；经常处于紧张、戒备的情绪状态；凡事力求稳妥、保险、追求完美。

(4) 愤怒型。这类老年人对社会的一切变化和新生事物都看不惯，将个人所经历的不顺利均归咎于他人；脾气暴躁，人际关系比较紧张；自制力差，常抱有对立情绪，对人、对事难以宽容大度；以自我为中心，兴趣比较狭窄。

(5) 颓废型。这类老年人境遇不尽如人意，将所有的不幸归咎于自身，怀有负罪感和自责感；遇事顾虑重重，胆小怕事，踌躇不决；常常长吁短叹，郁郁寡欢，萎靡不振，陷于沮丧、悲观之中。

以上五种类型中，前两种类型的老人对社会生活适应较好，而后三种类型的老人则属于社会生活适应不良。因此，护理人员应很好地掌握这些老年人个性特点及相关知识，通过专业的服务介入，帮助老人不断地调适情绪、优化个性、修正态度，积极面对社会生活，接纳自己与他人，勇敢地面对未来。

二、个性对老年人的影响

人的一生就是一个适应的过程，而老年期是人生中失意较多、不安感强的特殊时期。长期处在失意的挫折中，会使个体不愉快的情绪亢奋起来，纠纷不断。老年人是否采取理想的、长远的、合理的处理失意等不愉快情绪的方法，直接影响着其社会适应水平，而老年人的个性特征往往在其中发挥着重要的作用。

(一) 个性与情绪

个体的个性特征与情绪是相互联系、相互影响的。个性的形成离不开个体所处的社会文化系统。受社会文化的影响，情绪在个体发展和生活中作为个性的一部分得以体现，个体的个性特征影响着他对情绪情感事件的感受和具体行为表现。

对老年人来说，个性特征对其心理有着重要的影响，因为它影响着老年人如何应对外部压力，而压力则是引起情绪情感变化的一个重要原因。压力是在人和环境相互作用后所产生的一种心理状态，当环境的压力超过了个体所能承受的范围时，个体就必须调动其他资源进行应对。在生活中，总有各种压力事件发生，个体对这些事件的处理取决于其个性特征所影响的适应性水平，经过个体的认知进一步形成具体生理反应、行为反应和情感反应。相对于其他年龄阶段的个体来说，年老可能会为老年期个体带来难以应对的压力，如身体疾病、丧失生活伴侣、经济收入下降、独立生活受到威胁、面临死亡的恐惧等。面对这些困扰时，不同的个性特点帮助老年个体以不同的视角对其进行认识和解释，

一些老年人(如愤怒型老年人)常会因为一些不起眼的小事引发负面情绪,而另一些老年人(如成熟型老年人)则会对压力事件做出积极乐观的结果解释,情绪积极而稳定。有学者在对老年期个体的个性特征如何影响其应对压力事件的研究中发现两种不同的应对方式:个性偏向内控型的老年人往往采用有计划的、积极的应对方式,他们往往愿意投入制订处理压力事件的计划,如感受生活寂寞压力的老年人可能会主动到公园或广场上参与广场舞,或尽力参与社区组织的老年活动,或是主动邀请亲友来自己家做客,这类老年人往往情绪稳定、积极主动、乐观愉快;个性偏向外控型的老年人则会对压力事件采取逃避、退缩的应对方式,他们干脆不理会或否认压力事件对他们的影响,他们对自己的生活听之任之,或干脆用看电视来代替他人的陪伴,或是自怜自怨、悲观冷漠、情绪低落、消极失望,甚至愤怒怨恨。[①]

(二) 个性与意志活动

意志活动是指个体自觉地确定目标,并根据确定的目标来支配和调节自己的行为,克服困难,进而达到预定目标的心理过程。意志的基本品质包括自觉性、果断性、坚持性、自制性。自觉性是指个体具有明确的行动目标,能主动地支配自己的行动,进而达到既定目标的心理过程;果断性是指个体善于明辨是非,迅速而合理地采取决断,并实现目标的品质;坚韧性是指个体能长期保持充沛的精力,战胜各种困难,不屈不挠地向既定的目标前进的品质;自制力是指个体能够自觉地、灵活地控制自己的情绪和动机,能约束自己的行动和语言的品质。

意志对个体的内部心理活动和外部行为具有调控性,这种调控性体现于意志对行为执行所具有的两种功能,即激励功能和抑制功能。前者在于推动个体去从事达到预定目标所必需的行动,后者在于制止个体不符合预定目标的行动。意志的调控性还反映在克服各种困难上。人常常会遇到种种困难,困难通常包括外部困难和内部困难,而外部困难是通过内部困难起作用的。要克服这些困难,就必须对自己的活动和行为进行自觉的组织,必须进行自我调节。意志的调控水平是以克服困难的程度来表征的。

专栏3-2

老来伴——王老太与张大爷的故事

王老太越来越固执了,根本不听别人的意见。例如,有人上门推销电话卡,她不仅买了500元的电话卡,还让推销员进屋坐,结果家人发现那张卡是假的。老伴儿张大爷退休前是单位领导,家里的事都由张大爷做主,自从脑瘤手术出现后遗症后,家里的事便由王老太做主,她经常像教训孩子一样教训张大爷,结果张大爷越来越不愿意说话。家人对此十分担心,试图与王老太沟通,但王老太却认为大家都不理解她。

[①] 凯瑟琳·麦金尼斯-迪特里克. 老年社会工作:生理、心理及社会方面的评估与干预[M]. 隋玉杰,译. 2版. 北京:中国人民大学出版社,2008:68.

当个体步入老年期后,一些老年人由于体力和精力不足,以及社会关系、人际关系等问题的困扰,常常缺乏足够的自信心,这种状况的存在必定会造成老年人意志的消沉和精神的空虚,从而使其在现实生活中不能保持积极向上的生活态度,造成老年人意志活动在自觉性、果断性、坚持性、自制性等方面出现两极分化的特点,即自觉—盲从和独断;果断—草率和优柔寡断;坚韧—动摇和执拗;自制—任性和怯懦。

任务二　知晓老年人常见个性问题的成因及临床表现

在众多的文学作品中,我们可以读到各种受讽刺和谴责的典型人物个性特征,如守财奴、刻薄鬼、厌世者、伪君子、失德者,这些人物的个性特征,在心理学领域被视为个性(人格)障碍。德国学者普里查德认为,个性问题所引发的心理失调表现为个体在情感、性格、习惯、行为、道德观念和正义原则等方面的严重歪曲,在社会生活中丧失自我调控能力或存在缺陷。尽管从中年到老年,个体的心理特征并无本质变化,但随着年龄的增长、生活处境的变化,个体不仅在生理功能方面出现衰退现象,在心理上也会发生巨大的变化。

一、老年人常见个性问题的成因

相关研究表明,在老年期影响个体个性心理特征变化的因素中,年龄并不是决定性因素,智力、受教育水平、所处社会地位、文化背景、健康状况以及环境变化等都会对老年人的个性心理特征产生重要影响。总的来说,老年人常见个性问题的成因可以归结为以下三个方面。

(一)生理因素的影响

随着年龄的增长,老年人身体机能、大脑功能以及体内平衡机能减弱,这使得老年人的感知觉水平下降,思维强度、速度和灵活性以及动作的协调性都不如中青年时期,这些变化使得老年人更偏好简单化的事物,不喜欢复杂和新奇的事物,社会参与和社会适应水平相对降低;这些变化也影响着老年人的个性变化,如他们更加内向、易退缩、思想顽固等。此外,生理机能的退化所引起的老年期诸多身体疾病和不适,会使老年人将更多的注意力集中在自己身上,消极感受不断被强化,并由此产生忧愁、烦恼、恐惧等心理,难以感受和体验愉快与安全,这些变化都成为老年人个性问题产生的重要原因。

(二)心理因素的影响

进入老年期后,随着老年人人际交往活动的减少、生活圈子的缩小、活动和健康水平的降低,老年人的隔离感、孤独感、依赖感、衰老感甚至离世感渐生,并出现心理老化的趋势。在认知上,由于感觉器官的衰老和大脑机能的衰退,导致老年人对新事物的接纳、记忆能力较差,因而影响认知的进一步发展。在心态上,由于生理机能的衰退和疾病缠身,"心有余而力不足"的心理体验油然而生。心理老化的趋势除了会引起客观状态的变化外,更重要的是会给老年人的社会适应带来重大的影响,进而导致个性问题的出现。

(三)环境因素的影响

对老年人来说,生活在可以提供积极支持资源的家庭、社区环境、社会文化环境中,有助于老年人获得积极的个性。从家庭的角度看,良好的家庭关系,家人对老年人的情感关怀、精神支持、物质帮助等都有助于老年人积极个性特征的形成。与家人(儿女)关系和睦的老年人精神愉快,更容易肯定自我价值,更加积极、主动、自信、坚韧,自我控制水平高。相反,不能获得积极的家庭支持的老年人,更易具有盲目、怯懦、执拗、回避等消极个性特征。从社区环境的角度看,亲密的社区邻里关系、积极的社区关怀文化、丰富的老年人社区活动、支持性的老年人社会参与平台等,可以为老年人提供良好的心理支持,使老年人获得对老年阶段的角色认同,并帮助老年人维系和拓展社会参与平台,使其有机会了解、学习和接受新的生活技能和观念,帮助其顺利地适应老年生活,形成积极、稳定的个性特征。从社会文化环境的角度看,尊老爱老、肯定老年人价值以及对老年人给予接纳和关怀的社会文化,可以很好地减少老年人的压力情绪,帮助老年人建立积极的社会生活态度,使其更容易接纳自己与他人,并勇于面对老年生活所带来的各种挑战。

"矫情"的王大爷

王大爷越来越矫情,他希望家人都围在他身边,只要有人说话,他就会问"你们在讲什么",如果回答"没说啥",他就认为大家在说他坏话。王大爷身体不好,每次吃药时他会一一确认每片药。家人总说:"这老爷子怎么越老越矫情?"王大爷的"矫情"有着生理和心理两方面的原因:生理健康问题引起他情绪不稳定、感情脆弱、多疑恐惧等;而社会支持体系的缺乏,则导致他产生不安全感,更加依赖家人。

二、老年人常见个性问题

老年人个性变化的最主要特点是更加成熟,但也会出现个性特征的负向变化,表现为:认知方式、情绪反应、意志活动的异常;不能从失败的行为后果中吸取经验,固执地坚持适应不良的行为模式,致使其日常社会生活受到严重影响,给他人带来痛苦,甚至对社会造成不良影响;缺少自我反省和认识的能力,不能感觉到自身存在的缺点和过失;行为缺乏目的性、计划性和稳定性,情感情绪不稳定,容易受情绪冲动的影响,自控力较差;人际关系失调,指责他人而不检讨自己,常给他人甚至是亲人造成极大的困难与麻烦,难以与他人和谐相处。就具体问题的表现分析,老年人的个性问题类型较多,且表现差异较大,常见的个性问题包括偏执、过度依赖、冲动型行为障碍等。

(一)偏执

1. 偏执的临床表现

偏执是发生在老年阶段的以思想偏执、观念固执、重复状态为主要特征的

心理和行为问题,一旦形成即具有不易改变性,但老人的智力并不会随之出现衰退。偏执是我国老年人群体中常见的心理问题,对老年人日常生活的影响很大,危害甚大,因此也成为老年心理疾病的防治重点之一。

> **专栏 3-4**
>
> **"侦探"宋大妈**
>
> 宋大妈雇了一位保姆。最初宋大妈对保姆还满意,但渐渐地,她开始怀疑保姆偷东西。有一次,她怀疑保姆偷了她新买的袜子,虽然后来找到了,可她还是认为保姆手脚不干净。有一次,宋大妈的进口药找不到了,她认定是保姆偷的,家人劝她,可她听不进去。最近,宋大妈又怀疑保姆跟老伴关系暧昧,虽然没发现什么,但她总疑神疑鬼。宋大妈的表现属于明显的偏执状态,表现为多疑、易激动、无端出现荒谬想法,甚至会有伤害自己的行为。

偏执的老年人往往存在思维定势,当某种思想或者观念扎根在其头脑中时,容易采用惯常的方法进行判断并做出决定。偏执的老年人通常会表现出以下特征:

(1) 对环境中的人或事过分敏感、警觉。多疑猜忌,甚至会把中性和友好的态度曲解为敌意或蔑视。

(2) 心胸狭隘、嫉妒心重。自视过高,过分重视自身的作用,具有持久的自我援引态度。

(3) 常常固执己见、独断专行。很轻易地否定别人的言行,即使在事实非常明显的情况下,也强词夺理或推诿于客观原因。

(4) 对他人要求过多,好争斗。受到质疑时会激烈地争论、诡辩,甚至出现攻击性行为,明显与环境不和谐。

(5) 不信任他人,缺乏安全感。具有对周围环境不友好的先入观念。

(6) 缺乏幽默感。

2. 偏执产生的原因

老年人出现偏执的主要原因包括以下几个方面。第一,心理压力过大,自我要求标准过高,导致老年人一方面对自身存在的某些不足和问题无法达成和解,另一方面却不愿意公开承认,在遇到具体情境时往往采用激烈争斗或自我否定的两种极端的方式进行处理。第二,老年人在社会适应过程中避免不了会遇到各种困难,心里藏着不少烦恼,但却找不到排解烦恼的适当途径和方法,精神上过于疲倦,不能振作精神,同时年老带来的身体和思维反应迟钝等问题,导致老年人自尊水平降低,致使老年人容易怨天尤人、牢骚满腹或脾气暴躁。第三,在老年人漫长的生活经历中,曾遭受过的心理创伤未能平复和治愈,例如在早期生活中不被信任、常被拒绝,在家庭环境中缺乏爱与关怀,经常被指责和否定,经常遇到挫折和失败等,这些负面经历随着老年人年龄的增加和精力、体力的不断下降,容易引发老年人强烈的负面情绪体验,如愤怒、失落、不满、沮丧等。第四,在进入老年期后,老年人对外部社会生活变迁的敏感度和适应能力降低,在面对生活中的人和事时,容易受到多年以来形成的固有人生信念的左右,思维上趋向主观唯心、固执己见,使外界感到老年人固执和难以相处。第五,从归因的角度来看,为了获得社会认同,老年人往往会习惯性地将自己所拥有的长处和优势进行内部归因,把自己所拥有的短处和劣势进行外部归因,加之老年人由于自身的心理特质倾向于保守和固化,因此更容易以非理性的态度来应对生活中的人和事,从而引发诸多的人际摩擦。

专栏 3-5

吴大爷的假想敌

吴大爷近几年来常常修改记忆来证明自己是对的、优越的。吴大爷邻居家的孩子小赵小时候常常到吴大爷家玩儿,吴大爷便坚持说是他带大了小赵,埋怨小赵现在长大了便忘了情义,不常来看他,还要所有人都支持他。吴大爷经常记错人和事,却不准任何人进行纠正。妻子韩大妈与他朝夕相处四十年,他硬说韩大妈在外面养了个二十年的情人,为了假想情敌闹得不安宁,韩大妈有理说不清,要跟吴大爷拼命,被子女劝阻。女儿小吴看到母亲受委屈,想把母亲接走跟自己住,吴大爷大闹一场,说女儿和妻子忘恩负义,要抛弃他。女儿尝试和他一起回忆一家人在一起的点滴温情场面,希望他能记起家人对他的好,他却说女儿隐藏得深、虚伪。家人被他闹得不堪忍受,不知该如何是好。医生排除了吴大爷患老年痴呆和妄想症之后,诊断吴大爷患有偏执障碍。

(二) 过度依赖

1. 过度依赖的临床表现

在生活中,我们经常会发现这样一些老年人,他们缺乏独立性,总觉得自己老了,做什么都不行了,子女不在身边,就表现得特别没底气,要么反复确认事件流程,要么拖着不做,恨不得儿女时时刻刻都待在自己身边。这是老年人的依赖心理在作祟。依赖心理主要表现为缺乏信心,总认为个人难以独立,时常寻求他人的帮助。具有过度依赖个性特征的老年人往往被动顺从,感情脆弱,处事优柔寡断,畏缩不前,很难独立进行自己的计划或做自己的事,总是依赖儿女,一旦离开了儿女,他们就像断线的风筝,没有着落、慌乱茫然、不知所措。

专栏 3-6

刘女士的烦恼

"原本我妈挺独立的,可退休后像换了个人,24小时围着我们打转。"如今母亲太黏人成了刘女士最烦恼的事。每逢节假日出游,她都会带上母

亲。但母亲毕竟是老年人,所以就不得不放弃一些适合孩子和年轻人的出游路线。"如果不带她出游,她就又哭又闹,数落我们不孝顺,真是不知道怎么办才好。她每天都要打3次电话给我,如果我很忙,没接电话,她就会发脾气,说我心里没有她。我感觉自己做什么都得围着她转,没有自己的生活了。"对40多岁的刘女士来说,与母亲的相处就是一场时间和精力的拉锯战,她不明白上了年纪的母亲怎么跟孩子一样黏人。

过度依赖是较为常见的老年人个性问题,在日常生活中常表现为以下几点。

(1) 缺乏独立性。经常感到自己无助、无能和精力不足,害怕被人遗弃,将自己的需求依附于他人,过分顺从他人的意志,要求和容忍他人安排自己的生活。

(2) 逃避现状。当与他人的亲密关系终结时有被毁灭的体验,对亲近关系有过分的渴求,这种渴求是盲目的、非理性的,与真实的情感无关。

(3) 放弃个人兴趣。只要能时刻得到别人的温情就心满意足了,为此不惜放弃自己的兴趣、喜好等。

(4) 委曲求全。由于处处委曲求全,所以会产生越来越多的压抑感,渐渐放弃自己的独立性,出现将责任推给他人,回避个人责任的倾向。

(5) 懒于独自面对社会生活。不愿独立思考和解决问题,情感脆弱并缺乏自主性和创造性。

2. 过度依赖产生的原因

老年人出现过度依赖的问题主要由于以下几个方面的原因。

(1) 生理功能的自然老化所引发的衰退认同。老年人自觉地强化对自身生理功能衰退的自我暗示,并随之出现自信心、安全感、控制感等诸多感受的降低,并由此更进一步强化"我老了"的心理暗示。对此,老年人会更多地依赖儿女,渴求更多的陪伴。

(2) 老年人社会交往的减少,降低了他们对社会认识的广度和深度,弱化了他们对自身力量的评价,限制了他们参与社会活动的范围,使其将生活重心过度倾向于家庭,导致老年人更加依赖儿女。

(3) 随着年龄的增长,老年人的认知功能降低、感知觉能力下降、反应迟钝、注意力不集中、健忘等情况的出现,让老年人更依赖儿女。

(4) 对未来生活缺乏目标,使得老年人将自己的生活兴趣点过度地集中在儿女身上,将儿女视为自己生活的中心。

(5) 老年人睡眠障碍会导致其身体体能不能得到很好的恢复,对外出参与人际交往感觉力不从心,因此老年人更多地待在家里,并从子女的关注以及陪伴中获得心理补偿。

(三) 冲动型行为障碍

1. 冲动型行为障碍的临床表现

冲动型行为障碍是个体因微小心理刺激而突然爆发的非常强烈而又难以控制的愤怒情绪,并伴有冲动行为,情绪不稳定,缺乏行为控制能力。当老年人

感受到(尤其是凭直觉和经验而感觉到)比自己强势且不友好的信息时,很容易由此而产生持续和高强度的恐慌、紧张等不良情绪,如不满、反感、愤怒、怨恨、抵触、敌对等,继而出现冲动行为。

在生活中,老年人的冲动型行为障碍常表现为:

(1) 常有突如其来不考虑后果的行为倾向。

(2) 行事无计划,不能预测事件或情境未来发展的可能性。

(3) 情绪急躁易怒或产生与此相反的激情。

(4) 不能控制行为的突然发生,易与人争吵打架,尤其在其冲动行为受阻之时。

(5) 对挫折忍受性低,经常导致心理不平衡,内心充满敌意和攻击性。

(6) 不能坚持没有报酬或奖励的行为。

(7) 在间歇期情绪和行为正常,并对冲动行为感到懊悔,但不能防止冲动行为的再发生。

可怕的冲动

秦老头与儿子一家同住,这天晚上秦老头想跟孙子玩儿,但儿子想让孩子早点儿睡觉,秦老头便与儿子发生激烈的争吵,随后他返回房间将门反锁,点燃了房间内的衣物。多亏儿子发现及时,将火扑灭才未酿成大祸。与秦老头的冲动行为相似,某地八旬老人因公交车坐过站要求下车,公交车司机解释说未到公交车站不能停车开门,遭到拒绝的老人情绪失控,上前拉拽正在驾驶的公交车司机,致使公交车失控,导致多车相撞的恶性交通事故的发生。

2. 冲动型行为障碍产生的原因

老年人的冲动行为源于老年人对某一明显的处境变化或应激性生活事件所表现的不适应反应,或患严重躯体疾病引起的生活适应障碍。具体来看,其原因主要包括以下几个方面。

(1) 认同危机。进入老年期,老年人的个人价值不再通过劳动或贡献大小来衡量,他们会感觉自己丧失了被人需要和尊敬的资本,容易陷入自我价值的认同冲突,并转而引发对他人和社会的负面情绪。

(2) 自卑与补偿。老年人因健康状况、经济条件、社会退离等原因容易产生自卑心理,心理防御机制的启动使得他们试图寻求避免自卑的补偿方式,当这一补偿方式以冲动、好斗的形态表现出来时,便会出现冲动行为。

(3) 挫折感。挫折感是个体产生愤怒情绪和攻击行为的一个重要因素,挫折感多来源于家庭生活和日常人际互动中,老年人往往对生活中的事件反应特别敏感、强烈,因此更容易产生挫折感,并引发冲动行为,挫折感越强烈,冲动行为越容易以攻击甚至暴力行为的形式出现。

老年人心理特征及其护理

专栏 3-8

冲动划车担刑责

78 岁的王某被告上法庭，原因是王某因不满被害人赵某停放在小区内的轿车阻挡其通行，将该车划损，经鉴定，修复价值为人民币 10 750 元。法院认为，被告人王某故意损毁他人财物且数额较大，侵犯了公民的财产权利，已构成故意毁坏财物罪，应依法予以惩处。考虑到王某年事已高，且已赔偿被害人损失并取得被害人谅解，法院最终判决被告人王某犯故意毁坏财物罪，判处拘役二个月，缓刑三个月。

任务三 掌握老年人常见个性问题的心理护理方法

对老年人个性的评估，主要是在专业心理医生的帮助下，通过观察、晤谈等途径进行。其目的是通过了解老年人的态度、情绪、行为、人际互动等多个方面在不同情境下的应对方式，从而对其个性特征及社会适应水平做出基本判断，以便在之后的心理护理工作中有重点地帮助老年人更好地适应老年生活。对老年人个性问题的评估重点应放在认知、情绪和行为三个方面，即老年人个体是如何认识和理解社会现象和生活事件的，这种理解和认识是如何推动其情绪和行为的，情绪又是如何进一步影响其认知和行为的。

一、偏执的评估、诊断与心理护理

（一）偏执的评估与诊断

1. 评估

对偏执型老年人的评估内容主要包括以下几个方面。

（1）基本状况，包括：身体健康状况，日常生活习惯，行为表现，经济水平等。

（2）社会心理方面，包括：家庭成员关系，人际交往，社交活动参与，沟通方式和问题处理方式。

（3）以往经历，包括：生活经历的变迁，曾遇到过哪些压力事件，是如何应对的，应对方式是否符合事件发生时的情境。

（4）自我认知，包括：老年人的自我描述和自我评价，对自己与他人关系的理解和认识，对自己的情绪行为和各种感受的描述。

2. 诊断

护理人员在心理医生的指导下，可依据收集的病例、检查和前期的初步评估进行诊断。如果老年人具备以下状态中的五个或五个以上，便可初步诊断为偏执。

（1）对挫折与拒绝过分敏感。

（2）在人际交往中容易长久地记仇，即不肯原谅感受到的伤害或轻视。

(3) 容易将负面情绪体验歪曲为一种普遍倾向,即把他人无意的或友好的行为误解为敌意或轻蔑。

(4) 与现实环境不相称的顽固,固执于维护个人的权利,不听他人劝解。

(5) 猜疑,毫无根据地怀疑配偶或亲属的忠诚。

(6) 将自己看得过分重要,表现为持续的自我援引态度。

(7) 将生活事件及社会现象都解释为"阴谋"的无根据的先占观念。

(二) 心理护理方法

对偏执型老年人的日常心理护理工作应在心理医生的指导下进行。护理人员要同老年人一起,对其内在心理动机、精神状态、人际关系以及对现实生活的适应进行引导和探索。

1. 理解和接纳

对老年人保持足够的耐心,倾听并理解老年人的想法和感受,给予其接纳和支持性的引导,减轻老年人的不安。

2. 建立信任关系

与老年人建立良好的关系,使其感受到支持和安全,增强其信任感和积极主动配合的意愿。

3. 反映感受与角色扮演

请老年人具体描述自己的情绪、行为和各种感受,并通过对话式提问调动其自我探索的能力,或是通过角色扮演的方式,让老年人扮演特定的角色,重新体会当时场景中的情绪和行为,帮助老年人认识自己思维方式和行为方式的不合理性。

4. 行为训练法

鼓励老年人积极主动地进行交友活动,在交友中学会信任别人,消除不安感。

5. 培养理性观念

帮助老年人认识和改变自己的非理性观念,克服对他人和周围环境充满敌意和不信任的自动念头,加强其理性认知的能力,如经常提醒自己不要陷入"敌对心理"的旋涡中;要懂得只有尊重别人,才能得到别人尊重的基本道理;要学会向他认识的所有人微笑;要在生活中学会控制情绪和行为,保持耐心。

二、过度依赖的评估、诊断与心理护理

(一) 过度依赖的评估与诊断

1. 评估

过度依赖是日常生活中老年人较为常见的个性问题,其评估内容主要包括以下几个方面。

(1) 基本状况,包括:身体健康状况,日常生活习惯,经济状况,所处的环境情况(包括家庭环境、社区环境)等。

(2) 社会心理方面,包括:与家庭成员关系,人际交往,社交活动参与,沟通方式和问题处理方式。

(3) 以往经历,包括:在以往的经历中有过哪些负面的经验,有过哪些积极、正面的经验,对这些经验的理解、认识和感受如何等。

(4) 自我认知,包括:老年人对自己的认识和评价,对自己与他人关系的理解和认识,对自己所处环境(家庭、社区、同伴、社会)的认识和评价情况等。

2. 诊断

护理人员在心理医生的指导下,可依据收集的病例、检查结果和前期的初步评估进行诊断。如果老年人具备以下状态中的五个或五个以上,便可初步诊断为过度依赖。

(1) 深感自己软弱无助,经常被遭人遗弃的念头折磨。

(2) 在没有得到他人大量的建议和保证之前,无法对日常事务做出决策。

(3) 大多数的重要决定需要他人帮助自己完成。如在何处生活、该如何选择等。

(4) 无意识地倾向于以别人的看法来评价自己。

(5) 理所当然地认为别人比自己优秀,比自己有吸引力,比自己能干。

(6) 缺乏独立性,很难单独展开计划。

(7) 过度容忍,为了讨好他人甘愿做自己不愿做的事。

(8) 害怕被他人忽视,明知他人是错误的或不符合自己的心意,也会随声附和。

(9) 很容易因为没有得到赞许或遭到批评而受到伤害。

(10) 当亲密关系中止时感到无助或崩溃。

(11) 独处时有不适和无助感,竭尽全力逃避孤独。

(二) 心理护理方法

在心理医生的指导下,护理人员应协助老年人针对自我认知偏差、心理适应不良以及无力感进行检查和审视,引导其正确认识自己的内在价值和能力,摆脱无力感,提升自尊水平,以更好地适应老年期生活。

(1) 给予老年人关怀、支持和理解,建立信任关系,创造安全有利的心理环境,引导老年人重新检查和审视自己的真实需求,帮助老年人按照自己的愿望选择生活方式。

(2) 帮助老年人准确地认识并理解自己以及周围的人和事物,建立基本的人际安全感和理性思维方式。

(3) 协助老年人探索自身的各种潜力和优势,重建自信,获得追求不断发展和实现自我价值的动力。

(4) 帮助老年人破除依赖习惯,清查自己的行为中有哪些属于习惯性地依赖别人去做的,分析原因并制订破除依赖习惯的行动计划,从小事件开始行动,提出自己的需求和主张并行动。

(5) 引导老年人认识自己在以往生活中的闪光点并加以肯定,使其重拾勇气,让这些闪光点在当前的生活中重新发挥作用。

(6) 安排老年人独自参加一项活动或一周规定一天"自主日",即在这一天不论什么事情,都让老年人自己做主,决不依赖他人,以增加老年人的勇气,改变事事依赖他人的习惯。

(7) 帮助老年人培养自己的兴趣和爱好,扩大其生活范围,丰富其生活内容,转移其关注点。

为何她不快乐

张阿姨早年丧夫,一个人拉扯大一对儿女,如今孩子们都已长大并成家,本应享受幸福晚年生活的张阿姨却情绪低落,每天的固定内容便是给儿子和女儿打电话,还要求他们每天必须来看望她一次。对于母亲的要求,儿子和女儿都十分苦恼,一方面母亲含辛茹苦养大自己,照顾和孝顺她是应该的,但他们工作、生活的压力也不小,母亲的要求让他们感到力不从心,况且母亲只有 63 岁,身体也很健康,他们真不知道应如何应对这一困局。

思考:分析张阿姨的心理现象产生的原因,并给出针对张阿姨的心理护理措施建议。

三、冲动型行为障碍

(一) 冲动型行为障碍的评估与诊断

1. 评估

冲动型行为障碍往往伴有情感爆发和明显的行为冲动,容易引发老年人的人际关系和情感危机,其评估内容主要包括以下几个方面。

(1) 基本状况,包括:健康史(包括生理和心理),日常生活习惯,所处的环境状况(包括家庭环境、社区环境、社会文化环境)等。

(2) 社会心理方面,包括:与家庭成员关系,人际交往,沟通方式和问题处理方式。

(3) 以往经历,包括:生活中经历过的冲突,如何看待这些冲突,当时的情绪感受如何,是如何处理这些冲突的。

(4) 自我认知,包括:老年人对自己的认识和评价,对自己与他人关系的理解和认识,对自己所处环境(家庭、社区、同伴、社会)的认识和评价。

(5) 自控力,包括:情绪和行为的自我控制水平。

2. 诊断

在心理医生的指导下,护理人员可依据收集的病历、检查结果和前期的初步评估进行诊断。如果老年人具备以下状态中的五个或五个以上,便可初步诊断为冲动型障碍。

(1) 情绪急躁易怒,存在无法自控的冲动,易与他人发生争吵和冲突,特别是在冲动行为受阻或受到批评时。

(2) 性格上常表现出对外攻击、鲁莽和盲动性。

(3) 有突发的愤怒和暴力倾向,对冲动行为不能自控。

(4) 情绪和行为反复无常,行动之前有强烈的紧张感,行动后体验到愉快、满足或放松。

(5) 人际关系紧张或不稳定,时常出现情感危机。

(6) 心理发育不健全和不成熟,经常导致心理不平衡。

(7) 有不良行为和犯罪的倾向。

(8) 易出现自杀、自伤等行为。

(二) 心理护理方法

冲动型行为障碍是以强烈的情绪和行为冲突为主要表现,护理人员应在心理医生的指导下,帮助老年人获得自我认同和自我实现感,积极应对衰老所带来的不适,消除挫败感。

(1) 包容、接纳老年人,与其建立起安全、信任的护理关系。

(2) 倾听并理解老年人的想法与感受,与老年人一起回顾其以往的人生经历,确认个人价值,帮助老年人完成社会角色转换,消除心理冲突和认同危机,坦然面对老年期的到来。

(3) 指导老年人做情绪的主人,进行情绪控制训练:① 学会延迟满足,做深呼吸,并告诉自己稍等一下;② 检查并识别自己的情绪(知道自己处于什么情绪状态,是愤怒、嫉妒还是委屈……);③ 用自己的语言来描述和表达自己的感受;④ 确立情绪的沟通和宣泄渠道。

(4) 帮助老年人建立积极的自我意识,帮助老年人通过自我观察、自我体验对自己的能力、性格、情感、动机等进行客观评价,学会自尊、自爱、自信和自我接纳。

(5) 帮助老年人维护积极的人际关系,通过人际交往学会换位思考,学会倾听他人的观点和建议,学会宽容和理解他人。

(6) 引导老年人培养兴趣爱好,树立积极进取的生活观念,建立自己的生活目标,积极参与社会生活,保持学习精神并及时更新观念,适应社会环境的变化。

到底要我怎么做?

74岁的赵阿姨与女儿同住,因为女儿、女婿下班时间较晚,赵阿姨便自动做起了晚餐。面对同事的羡慕,赵阿姨的女儿却暗暗叹气,因为赵阿姨经常向女儿抱怨,说女儿把她当免费的保姆,天天吃她做的饭好像天经地义似的。如果赵阿姨做好饭后,女儿或女婿未能准点儿回家吃饭,赵阿姨便唠叨个不停,说自己上辈子欠了他们的,在家没有一点儿地位,一点儿都不被尊重。更糟糕的是,前两天吃饭的时候,赵阿姨抱怨自己做家务累得腰疼,女婿建议赵阿姨去医院检查一下,女儿则提出找个钟点工帮助做家务和做晚饭。不想这一讨论引爆了赵阿姨的怒气,她认为女婿对她不满意,嫌弃她老了、不中用了,最后引申为自己任劳任怨照顾他们,结果被他们当成包袱要甩掉。

思考: 1. 赵阿姨所表现出的问题是什么?
2. 分析赵阿姨出现这些问题的原因。
3. 请为赵阿姨的女儿提出应对建议。

生命的两端何其相似,都是那么任性、敏感、没有能力照顾自己。一端是生机勃发的小生命在点滴成长,另一端却是日暮迟年的老人在慢慢失去活力。在护理工作中,护理人员要站在老年人的视角去理解和接纳他们所出现的个性问题,并灵活运用不同的方法帮助老年人应对年老所带来的挫折感和丧失感。

实训任务

过度依赖的老年人的心理护理

1. 训练目的
(1) 熟悉老年人个性特点及常见个性问题形成的原因。
(2) 熟悉老年人常见个性问题的评估与诊断。
(3) 掌握老年人常见个性问题的心理护理方法。

2. 训练准备
(1) 环境准备。支持学生接触社区或养老院的过度依赖老年人,以及安静、整洁、光源可调节、通风良好的心理护理实训室。
(2) 用具准备。可播放轻松的音乐和指令;进行示范和模仿的简单音响设备;舒适的躺椅及可活动桌椅等。
(3) 学生准备。熟悉本模块相关知识点,组成5人一组的任务小组。

3. 操作示范
通过视频播放或教师演示,示范老年人个性问题心理护理方法:
(1) 过度依赖的老年人的评估内容与诊断依据。
(2) 过度依赖的老年人的心理护理方法。

4. 学生练习
(1) 学生分组,观察生活中存在过度依赖问题的老年人个案。
(2) 针对所观察的老年人个案,做出问题评估、诊断及心理护理服务计划。
(3) 通过角色扮演展示针对存在过度依赖问题的老年人的心理护理服务。

5. 效果评价
(1) 学习态度。是否以认真的态度对待训练?
(2) 技能掌握。是否能将所学的理论知识与实训有机结合,有计划、步骤清楚、过程完整地完成实训?
(3) 职业情感。是否理解老年人心理护理工作的意义?

（4）团队精神。在实训过程中，小组成员是否团结协作，积极参与，提出建议？

思考题

1. 简述老年人的个性特点。
2. 试述个性是如何影响老年人的社会适应水平的。
3. 观察生活中老年人的偏执问题并分析其产生的原因。

模块四

老年人的社会心理特点及护理中的应对

学习目标

1. 了解老年人的自我意识与社会态度的内涵。
2. 熟知老年人常见的社会心理问题及其成因。
3. 掌握老年人常见社会心理问题的心理护理方法。

- 任务一　了解老年人的自我意识与社会态度
- 任务二　知晓老年人常见的社会心理问题及其成因
- 任务三　掌握老年人常见社会心理问题的心理护理方法

模块四 老年人的社会心理特点及护理中的应对

情境导入

"隐蔽老人"

郭阿姨的老伴儿4年前去世了,郭阿姨现独居。儿女发现郭阿姨脸上的笑容越来越少,她平时把自己关在家里,也不爱说话。更让人担心的是,郭阿姨夜里失眠,记忆力下降的情况越来越严重,甚至有时候会在半夜就起来煮饭,可是饭还没熟,她就把电源给关了,然后继续睡觉。儿女看着郭阿姨一天天消瘦下去,很是担心。

这便是"隐蔽老人"现象。这些老人往往将自己与社会生活隔离,很少走出家门,拒绝社会交往,不参与社会生活,情绪低落。

问题讨论:
1. 试分析郭阿姨出现心理困境的原因。
2. 请为郭阿姨的儿女提供一些建议,帮助郭阿姨走出困境。
3. 试讨论"隐蔽老人"现象与老年人再"社会化"的重要性。

任务一 了解老年人的自我意识与社会态度

一、老年人的自我意识

从小到大,我们每个人都会不断地问自己"我是谁",并为完美地回答这个问题而不断进行自我探索,在与他人和环境的互动中不断寻找答案,这些答案共同构成了我们关于自己的"自我意识"。埃里克森认为,一些最困难的态度和行为变迁发生在人一生中最后的岁月里,在这段时期,随着老年人身体机能的下降,老年人自我意识和自我认同感出现弱化,无所适从,并由此产生对死亡的恐惧,因此老年人社会化的主题包括两个方面,即重塑自我意识和适应社会变迁。①

(一) 老年人自我意识的内涵

自我意识是个体对自己的认识和态度,由自我认识、自我体验、自我调节与控制构成。自我认识即认识到自己是一个怎样的人,自己的优点和缺点是什么,长处和短处是什么,形成正确的自我概念。认识自我之后,能否愉快地接受自己,对自己是喜欢还是讨厌,这属于自我体验。当自我与环境相互作用时,能否调节自我去更好地适应环境,当发现自己的短处和缺点以后,是否能控制自我,并进一步完善自我,这是自我调节与控制。

1. 自我概念

美国社会心理学家库利认为,"自我"和"社会"的概念相互联系难以分割,生活中一个人扮演着他人所期望的角色,并不断地回头看自己,以此往复形成对自己的认识,也就是说"自我概念"是个体对他人判断的反应,即"我"对自己

---
① 成彦.社会心理学基础[M].北京:北京师范大学出版社,2018:48.

的看法反映着他人对"我"的看法。中国学者林崇德认为：自我概念是一个人心目中对自己的印象,包括对自己存在的价值和意义的认识,以及对个人身体能力、性格、态度、思想等方面的认识,是由一系列态度、信念和价值标准所组成的有组织的认识结构。自幼儿期起,我们每一个人通过不断与"重要他人"(如父母、兄弟姐妹、邻居、同伴、老师等)的交往逐渐形成和发展出对自己的认识。自我概念的形成和发展随着我们认知经验的不断发展而不断完善。从幼儿期到成年期,随着个体参与社会生活的频率和深度不断扩大、认知能力的完善、社会认知水平的不断提升,直到开始能够通过对自身认知活动过程和结果进行自我评价和反思,由此发展出更加成熟的自我概念。因此,我们会发现成年人在涉及关于"我"的认识时要比幼儿园的小朋友痛苦许多,因为随着年龄的增长,成年人开始探索内部世界的自我,而这种探索可能终其一生也不能完成。

自我概念由反映评价、社会比较和自我感觉三个部分构成。反映评价是人们从他人那里得到的有关自己的信息。当老年人接收到来自他人的积极评价越多时,就越容易形成良好的自我概念；相反,如果评价中否定的信息更多,老年人的自我概念就会倾向于消极。社会比较是人们在生活和工作中通过与他人比较来确定衡量自己的标准。无论什么人,从出生到长大,从家庭到社会,从学习到工作,都是在不断的社会比较中获得关于自己的新认识的。对老年人来说,家人(特别是配偶、儿女)的陪伴与支持、以往的工作成就、人生经历等都会成为他们进行社会比较的重要内容。在这些比较中,老年人可以获得自己在某一特定群体的位置的信息,当发现自己的位置处于较高水平时,容易形成积极的自我概念；当发现自己的位置处于较低水平时,则容易形成消极的自我概念。自我感觉是关于人们对自己的反应的认识和感受。随着年龄的不断增长、认知水平的不断提升和人格的不断完善,老年人通过不断的内省和反思,不断地内化,形成相对稳定的自我概念。从生活经历中提取成功的自我信息,会帮助老年人提升自我概念的积极水平,关于自我的认识也会积极。例如,当老年人参加了街道组织的志愿活动后,提取的经验是"我能够帮助他人,说明我是有能力的……",那么他就会形成一个关于"我是一个对社会有价值的人"的自我感受；反之,如果他所提取的经验是"都一大把年纪了,还去给别人当服务员,真是越活越没尊严啊",那么他就会形成一个消极的自我感受。

让夕阳格外红

他是合唱团里的"香饽饽",身兼主力歌手、艺术指导等多项职务。他是多个社团的志愿者,志愿活动中处处都有他的身影；他还是大家心中正能量的传播者,在他的微信朋友圈和QQ空间里有见证城市发展的赞叹,有家庭生活的温馨,有生活中点滴美好的记录,温馨的空间中充满着他对生活的认识和思考。这位充满阳光的老人家姓薛,大家都叫他"老薛",他把退休生活活出了精彩、活出了味道、活出了价值,让夕阳格外红。

2. 老年人自我意识的特点及自我意识重建

与其他人生发展阶段相比,进入老年期的个体身心特征发生着重大变化。首先是生理功能的衰退,如听觉、视觉等各种感知觉下降;其次是心理变化,如记忆力、认知水平下降,情感、情绪变得不稳定,性格变得固执、内向、保守、依赖性强等。这些变化都会对老年人的自我的整合与发展产生重要影响。西方心理学家认为老年期个体面临三大挑战和四项发展任务。三大挑战分别是:适应生理上的变化,重新认识过去、现在和未来,形成新的生活结构。四项发展任务是:接受自己现在的生活,促进智力发展,适应新的社会角色,形成科学死亡观。[①]无论是三大挑战还是四项发展任务,其中的关键还是在于老年人如何构建积极客观的自我概念,更好地适应社会生活,拥有健康幸福的晚年。

自我概念是一个人对自己的有机认知,它由个人的态度、情感、信仰和价值观等组成,贯穿一个人的经验和行动中。在现代社会中,老年期往往被认为是无助、无用、依赖别人的时期,也是一个导致老年人自我认同弱化的时期。退休、体能衰退、社会及家庭地位的下降、亲人朋友的离世、身患疾病、儿女离开原生家庭等众多老年人所不能回避的问题,导致他们在以往人生阶段所形成的自我概念突然中断,他们关于"我是谁"的重新审视和思考,与其他时期相比发生了较大变化。首先,在老年人的自我概念中,"过去"开始具有中心地位,他们的自我概念是对自己过去、现在和未来的综合描述,是对整个人生的回顾。其次,与成年中期相比,老年人获得关于自我的客观认识与在以往经验中所获得的自我概念之间容易出现不一致性,即"主观自我"和"客观自我"之间缺乏应有的一致性,从而导致同一性危机。[②] 老年期自我概念的"过去中心"和"同一性危机",会导致老年人对失去曾经担任的社会角色产生失落,对当前社会角色认知产生迷茫无措,对生活失去意义感和满足感——角色适应丧失,无法获得幸福感。

帮助老年人协调和保持积极的自我概念可以指导其成功老化。社会重建理论的核心就是改变老年人生存的客观环境,以帮助老年人重建自信心。社会重建理论的基本模式包括三个阶段。第一阶段:让老年人了解社会上存在的对老年人的偏见及错误观念。首先,改变老年人对自己的错误认知,引导老年人愉快地面对其社会角色的变化,从新的社会角色和生活中寻找自信;其次,改变社会对老年人的错误认知,客观地审视与评价老年人。第二阶段:改善老年人所处的客观环境,通过提倡政府资助的服务来解决老年人的住房、医疗、贫困等问题。同时积极构建老年人参与社会生活的渠道和平台,帮助和引导老年人实现自我价值。第三阶段:鼓励老年人自我计划、自我决定,增强老人自我解决问题的能力,同时积极参与社会生活,为家庭、为社会创造自我价值。通过三个阶段的工作,从个人、政府和社会三个层面出发,使老年人建立积极、完整、客观的

---

① 朱晶.自我的整合与发展:老年期的一项重要任务[J].社会心理科学.2014,29(164-165):1112.
② 同①。

自我概念,避免"同一性危机"的发生,完成自我角色的整合,以更好地实现自我价值。

(二) 老年人的自尊

1. 自尊

自尊是个人基于自我评价而产生的自重、自爱、自我尊重,并期望受到他人、集体和社会尊重的情感体验。自尊属于自我系统中的情感成分,也是每个人对自己的一种态度。自尊有强弱之分,自尊强表示肯定自己、信任自己、尊重自己;自尊弱表示否定、轻视和不尊重自己。从人生发展的纵向水平看,自尊水平并不是一成不变的,相关研究发现,自尊水平在儿童期最高,在青少年时期下降,在中年期逐渐上升,在老年期又剧烈下降。由此表明老年人的自尊与年龄是呈负相关的。自尊涉及两个方面的主题,即能力和价值,是个体在社会交往过程中基于自我概念的建立,不断对外部关于自身信息的提取整理和内化。老年人在社会交往过程中,通过与他人的互动获得个人价值感受,并由此形成自我评价,这一评价也包括通过社会比较获知自己在社会生活中所处的位置。过低的自我评价会降低老年人的社会要求水平,产生对自身潜能的怀疑态度,从而引发老年人严重的情感损伤和内心冲突;而过高的自我评价,又必然与别人对自己的评价发生矛盾,引起老年人与他人交往的冲突,导致严重的情感损伤或不良行为。

2. 老年人自尊调整策略

在以往的人生阶段,个体通过承担社会角色带来的优越感,形成相对稳定的自尊水平,但随着老年期的到来,老年人开始经历以往社会角色中断所带来的丧失感。老年人开始意识到自己不再处于社会生活的中心位置,而是逐渐退到边缘,由此产生对自尊建构和连续性发展的压力,这迫使他们必须对自我做出调整,以应对这种变化所带来的不平衡。这一调整主要通过同化、顺应和防御三种策略进行。所谓同化是指当新的事物和刺激出现时,个体将新的信息吸收到自己已有的经验中;顺应是指个体改变已有经验,与新的环境和刺激相适应,从而形成新的经验;防御是指个体为了消除不愉快的情绪体验,而采取阻挠或掩饰的方法以减少内心冲突。为了保持自我概念和自尊水平的连续性和一致性,老年人也常使用这三种策略来避免不平衡感。同化是一种问题行为导向的策略,老年人通过改变所处的环境来减少或阻止自我概念和自尊的冲突;顺应是自我评估导向策略,老年人通过重新设定个人的目标、愿望和自我评估系统,以顺应或调整自身的目标、欲望和信念,使自我概念和自尊水平适应现实情境;防御是自我表征导向的策略,可以帮助老年人面对与原有自我概念和自尊水平不一致的信息时,采取自我保护。这三种策略在老年人保持自我整体性和连续性中共同发挥着作用。[①]

(三) 老年人的归因偏差

人们为了更好地掌控自己的生活环境,通过观察他人或自己的行为过程进

---

① 乐国安,王恩界. 国外人口老化理论的心理学研究述评[J]. 心理科学. 2004,27(6):1418-1421.

行因果解释和推论,以适应多变的社会生活环境,这一心理现象被称为归因。在日常生活中我们会发现,当观察他人时,我们专注于他人本身,而在观察自己时,我们会根据自己的问题,把原因归结为外部或内部。通俗地讲就是,如果自己做错一件事,我们会根据自己的情况做出归因,当然更多时候是把原因归为外部;如果别人犯错了,那我们更有可能直接推断为内因,这便是归因偏差(Attribution Bias)。归因偏差是大多数人具有的无意或非完全有意地将个人行为及其结果进行不准确归因的现象,最常见的有基本归因偏差和自利性偏差。

1. 基本归因偏差

社会心理学家在研究归因时发现,当我们成为行为的执行者时,环境会支配我们的注意,而当我们观察别人的行为时,作为行为主体的人则会成为我们注意的中心,这也是为什么当人们解释他人的行为时,会低估环境造成的影响,而高估个人的特质和态度所造成的影响的重要原因。例如,在医院候诊大厅排队两个多小时的老人,可能会抱怨医生业务水平低下、医院管理效率低等,而医务工作者则认为造成看病难是因为医疗资源投入不足等原因造成的。在日常生活中,基本归因偏差往往表现为以下四种情况。

(1)浅层归因——对自己的行为只从直接原因上分析,而不从根本原因入手,作蜻蜓点水式分析,不愿进行深入的剖析。

(2)外部归因——在解释自己的行为时,倾向于主观以外的因素,一味地怨天尤人,强调客观原因。

(3)片面归因——在对自己的行为进行归因时,不进行全面客观的把握,不能从整体上综合地归纳总结,而是只见树木,不见森林,只论一点,不及其余。

(4)对象消极归因——在对他人的行为进行归因时,把积极事件归因为暂时的、特定性的情景事件,是由外部原因引起的,或者把消极事件归因为持久的、普遍性的,是由内部原因引起的。

婆媳冲突

孙淑与婆婆同住,可婆媳间经常纷争不断。婆婆将剩饭剩菜放冰箱里,孙淑觉得隔夜饭不能吃,于是偷偷地倒掉,第二天婆婆发现被倒掉的剩饭,指着孙淑说:"你这饭倒给谁看呢?"结果两个人一个月没说话。还有一次因为孩子不听话,孙淑打了孩子,结果婆婆说孙淑这不是在打孩子,这是在打她。孙淑认为婆婆是在故意找碴儿,当年她和丈夫结婚时婆婆就不同意,后来在丈夫的坚持下他们才走到一起,婆婆现在找碴儿就是要拆散她和丈夫。

思考:请从归因偏差的角度分析孙淑和婆婆之间冲突的原因。

2. 自利性偏差

自利性偏差又称自我服务偏好（Self-serving Bias），是一种常见的动机性偏差，是个体对自己的行为以及他人的行为以一种有利于自我的方式所进行的判断或解释。人们在面对有利于自己的结果时，往往将其归因为自己的才能和努力这一类的内部因素，在面对失败结果时则将其归咎于运气不佳或问题本身的困难等外部因素。例如，一位老人在子女的指导下学会使用微信功能，于是他便开心自得："瞧我多聪明，学东西一点也不比年轻人差！"而另外一位老人在几次尝试使用微信功能失败后，埋怨软件开发工程师的程序设计不够人性化，设计不合理。人们在进行社会比较时也常会出现自利性偏差，许多人认为自己比其他人更出色、具有更高的道德水平、更友好、更聪明、更健康等。有趣的是，连著名的心理学家弗洛伊德也曾出现过类似的问题，他曾对自己的妻子说："如果以后咱俩中的一个先去世的话，我想我会搬到巴黎去住。"① 美国心理学家戴维·迈尔斯也提到，无论年龄、性别、信仰、经济地位或种族有多么不同，有一件东西是所有人都有的，那就是在每个人的内心深处都相信自己比普通人要强，相信自己在多数主观的和令人向往的特质上强于一般人。

公园里的抱怨

公园里，刘奶奶向朋友李阿姨抱怨说自己真没法儿跟儿媳妇同处一个屋檐下了，昨天她又跟儿媳妇吵了一架，原因是儿媳妇晚上回家的时候风很大，关门的时候使的力气太大，结果刘奶奶被关门声吵醒，再也睡不着了。刘奶奶对儿媳妇满腹抱怨，认为儿媳妇笨手笨脚，什么事都做不好，并且感慨，自己的女儿就不会这样，女儿特别会照顾老人，对自己的婆婆很好。李阿姨也附和说自己的儿媳妇比祖宗还难伺候，都是命不好，为啥当年就只生了一个儿子，没有生个女儿。在这里，自利性偏差可以解释刘奶奶和李阿姨对儿媳妇的埋怨：刘奶奶在埋怨儿媳妇关门声大的时候，把问题归结为儿媳妇笨手笨脚，而忽略了风太大的问题；李阿姨在抱怨自己和儿媳妇的关系时，把问题归结为是自己的命不好，没生个女儿。

自利性偏差使得个体存在对积极结果进行内部归因，对消极结果进行外部归因的倾向，这是个体为加强自我和保护自尊而产生的。相关研究发现，对积极结果的内部归因体现了一种自我增强的偏好，而对消极结果的外部归因则体现了自我保护的偏好。另外，自尊与自利性偏差正相关，即高自尊者比低自尊者存在更强的自利性偏差。

---

① 侯玉波.社会心理学[M].3版.北京：北京大学出版社，2017：49.

二、老年人的社会态度

现代社会生活的变迁步伐越来越快,跟上社会变化的步伐对日渐退离社会生活中心的老年人来说,无疑是一项巨大的挑战。在网络上的老年人社区群中,我们常常可以看到这样一些小段子:退了休上了岸,人生旅途又一站;图心宽求健康,是是非非全看淡;钱多少莫细算,开心健康是关键;保健品不保健,不如每天都锻炼;心态好是关键,老来幸福金不换;对儿女少埋怨,遇事多把自己劝;对生活不厌倦,要为家庭做贡献……这些朗朗上口的小段子,引导老年人通过塑造积极的社会态度,调整行为方式,以适应社会生活。

(一)老年人社会态度的作用及影响因素

1. 老年人社会态度的作用

提及"态度"二字,大家通常会立刻在脑海里浮现出一个人的表情或是行为或是言语的相关图式,例如乐观、沮丧、欢迎、拒绝等,但细想后我们也会发现,有些涉及态度的内容是无法用我们的眼睛观察到的。那么,什么是态度呢?社会心理学家认为态度是外界刺激与个体反应之间的中介因素,是相对稳定的心理倾向,而社会态度则是指一个人对特定社会事件或人物所具有的相对稳定的、具有内在综合结构的、隐性的心理反应倾向。社会态度由认知、情感、意象三个因素构成,认知是指个体对客观事物的理解与评价,是个体在社会生活中通过多种途径了解、理解、加工所得到的结果;情感包括道德感和价值感两个方面,是指一个人对客观事物的情绪体验;意向是指一个人对待或处理客观事物的行为准备、状态和行为表现。例如,面对广场舞,一个老人可能会认识到,参加广场舞活动不仅能够锻炼身体,同时也可以扩展人际交往圈(认知部分),于是他非常喜欢参加广场舞活动(情感部分),除了恶劣天气外,他每天吃完晚饭后都会去参加广场舞活动(意向部分)。

社会态度在老年人适应社会的过程中发挥着重要的作用。第一,社会态度帮助老年人调节并适应外部社会环境。当个体在参与社会活动的过程中寻求奖励与他人的赞许时,便可以通过建立与奖励相一致的态度,避免那些与惩罚相联系的态度,以形成特定的行为动力并为之而努力。例如,老人为了展示自己与时尚生活并不脱钩,便与三五好友相约去KTV唱歌,并发朋友圈展示。第二,社会态度有助于老年人组织有关的认知经验。社会态度通常对外部社会生活具有反馈作用,人们对社会事件的态度通常有三种:① 积极的—接近—赞成;② 消极的—远离—反对;③ 中立。通过态度的选择,人们获得认知经验,这些认知经验进一步调节人们的行为。第三,帮助老人调节情绪冲突。社会态度可以作为一种自卫机制,让处在受贬抑情绪中的个体保护自己。比如,一位老人的儿子和儿媳妇因为常常加班,平时很少去探望老人,端午节儿子和儿媳妇利用三天假期报了旅行团出游而没有去看望老人,为了恢复被损伤的自尊,老人常四处抱怨现在年轻人普遍都没有责任感、贪图享受,以保持心理平衡。第四,帮助老年人表达自我概念中的核心价值观。比如,一位老人对参加社区组织的志愿者活动持有积极的态度,那是因为这些活动可以使他表达自己老而未衰,仍具有为社会做贡献的价值感,而这种价值感便是他自我概念的核心,通过表达这种态度,他能获得内在的满足。

2. 影响老年人社会态度形成的因素

社会态度并不是一个单一的心理过程,它是一个人在认知、情感和行为三种成分上彼此协调统一的整体,具有相对的持续性和稳定性。但同时我们也要认识到,这种稳定性是相对的,随着时间或其他社会因素的影响,社会态度也会发生一定的改变。

怕被抛弃

调查人员向102名超过60岁(最小者61岁,最长者88岁)的老年人做了问卷调查。其中,有87位老年人表示不愿意去养老院。73岁的老陈说:"进了养老院就失去自由了,起床、吃饭、看电视、睡觉都被人管着,和住监狱有什么区别?"80岁的王大爷说:"养老院是为没有子孙的老人开设的,我有儿子,有自己的家,肯定不去住。"69岁的李爷爷说:"我不会去养老院的,因为我不想让自己的孩子被人戳着脊梁骂不孝。"

讨论:什么原因导致了老人们对去养老院养老的抗拒态度?

(1) 个人经验。老年人的个人经验往往与其态度的形成有着密切的联系,生活实践证明,很多态度是由经验的积累与分化而慢慢形成的。如青年期的个体在一定时期内会跟自己的父母持对立态度,但随着年龄的增长,他们会认识到父母的良苦用心,到中老年期时,他们可能会采用与父母同样的态度来对待自己的儿女。这一系列的变化,源于他们自己的经历和阅历,他们不断地调整自己,调整对社会事物与自己关系的看法,这些影响他们的情感并改变了他们的行为意向。社会心理学家奥尔波特强调经验在态度形成中的作用,他认为态度通过经验组织起来,影响着个人对情境的反应。老年人的个人经历决定了其所获得的经验,并直接影响着其社会态度,这也就解释了为什么有些老年人退休后闭门不出,而有些老年人积极参加社会活动发挥余热,这两种态度可以说截然不同,但都与本人的经历密不可分,是个人经验积累后的一种行为结果。同理,在生活中面对同一个场景或事件时,老年人与年轻人之间所存在的态度差异也就不那么难以理解了。

(2) 老年人的个体心理特征。首先,老年人个体需要的满足与否是态度产生和发展的基础。老年人个体对那些能满足自己需要的事物,或者能够帮助自己达到目标的事物,必然会产生积极的、喜爱的态度。相反,则会产生消极的、厌恶的态度,而对与自己的需要毫不相干或者关系不大的事物,往往产生无所谓或不置可否的态度。其次,老年人对某一事物的态度往往不是取决于这一事物客观存在的价值,而是取决于老年人对该事物客观价值的认知,认知价值越

高,其态度就越强烈。在现实生活中,人的价值观受人的世界观、人生观支配。在不同的世界观、人生观的影响下,价值观一般是不同的,由此所形成的态度也是不一样的。

(3) 社会环境因素。第一,家庭对态度的形成有着直接的影响。对老年人来说,其价值观、行为习惯很多是在原生家庭的影响下发展起来的,这些影响并不会因为老年人年龄的增加而消失。第二,在老年人的人生经历中,其社会交往中曾经或正在交往的同伴(朋友)对其态度的形成具有不可小觑的影响。同其他年龄阶段的个体一样,老年人始终会将自身所持有的态度、观点与自己同伴的观点、态度做比较,并以同伴的态度、观点作为依据来调整自己原有的态度。第三,组织(单位)对个体态度的形成也有很大的影响。每一个组织都有自己的行为规范和准则,并要求组织成员共同遵守,从曾经工作过的单位,加入过的社会团体,到年老后参加的社区活动组织或各类社会团体,老年人在其各个人生阶段,都会为了获得组织接纳而不断地自愿采纳组织规范与准则,或不断地调整自己的态度,以与团体的态度保持一致,此外,组织也正是由许多有相同或相近的知识、经验和社会视角的人集合在一起而形成的,这使组织中的老年人和其他成员的态度趋向一致。

(4) 社会文化因素。文化作为个体社会化的大背景,深刻地影响了个体态度的形成。例如,在中国文化中,尊老敬老是日常生活中人们普遍遵循的社会态度,"常回家看看"更是被写入《中华人民共和国老年人权益保障法》。从另一个角度看,含饴弄孙作为传统中国文化中幸福老年生活的重要标志,也在今天的社会生活中影响了老年人对晚年人生幸福的重要态度,因此许多老年人在退休后帮助儿女照看孙辈成为一种普遍的现象。在强调个体独立性和个人权利的西方文化中,以上对待老年人的社会态度,在西方国家很难被接受。

(二) 老年人态度与行为之间的关系

态度不是与生俱有的,而是在个体后天的社会化的过程中逐渐形成和发展起来的,是个体内在的心理反应倾向,具有内隐性的特点。但从态度的构成来看,态度具有行为意向的成分,因此态度又常常与个体的外显行为相联系,但这种联系却不是简单意义上的从 A 导出 B 的一一对应关系。

1. 态度与行为的关系

一般情况下,构成态度的三个要素,即认知、情感和行为倾向(意向)之间是保持协调一致的,也就是说,当一个人对客观事物持肯定的态度时,相应地就会表现出积极正面的情绪反应(如高兴、愉快),并引发支持性的行为(如认同、鼓励等);相反,当一个人对客观事物持否定态度时,便会相应地表现出负向的情绪反应(如不满、厌恶等),并引发否定和不认同的行为(如拒绝、呵斥等);而当一个人对客观事物持中立态度时,便会相应地表现出温和的情绪和中立的行为反应。正是因为态度与行为之间存在这种一致的关联性,所以我们常常会通过了解他人的态度来预测其行为,或是通过观察他人的行为来判断其态度。例如,在生活中,我们常常发现老年人很注重养生,他们常常告诫年轻人夏天不要吹空调,提醒年轻人冬病夏治的道理,同时我们也会看到每到仲夏时节,医院的

中医门诊科里会有很多老年人排队贴"三伏贴"[①]。

尽管我们相信大部分情况下,个体的态度和行为之间具有较高的一致性,但是在生活中我们也会常常看到这种现象:一位老人向朋友抱怨在外地工作的儿子逢年过节很少回家看望他,并愤怒地表示"儿子娶了媳妇忘了娘,罢了,就当没养过这个儿子,最好永远也别来"。但是这些抱怨后面却隐藏着父母对儿子的牵挂和思念。因此,在实际的社会生活和社会交往过程中,社会态度与行为之间也往往存在不一致的现象。当个体对客观事物持肯定的态度时,其表现出来的行为并不是认可的行为。而当个体对客观事物持否定或是中立态度时候,表现出来的行为却是满意和肯定。出现这种现象,主要是因为社会生活中,个体的行为具有多样性、复杂性等特点,并且在行为和态度之间存在许多影响性的中介变量,导致人们不能准确地把握个体的态度,容易出现多种理解,并造成不同的后果。

2. 影响社会态度与行为关系的因素

为什么社会态度与行为有时候一致,有时候又不一致呢?社会心理学研究认为,社会态度作为内在心理反应倾向,只决定行为的一种可能性而不是全部可能性,而这种心理上提供的可能性要变成现实,还必须在特定的社会环境中,依据特定的社会、个人等多种因素的特征才能得以确定。

(1) 认知与情感体验的一致性特征。首先,当一个人对某客观事物在认知上的看法与在情感上的体验一致时,那么他的态度与行为就能保持较高的一致性;其次,当一个人对客观事物的认知来源于其自身的经历或直接经验时,其情感体验便会与认知保持一致,因此态度与行为也会形成较高的一致性。

(2) 行为反应的多样性和即时性特征。在考察个体态度与行为的关系时,如果仅着眼于某一种行为,往往就可能得出态度与行为不一致、无关联的结论;但如果着眼于多种可能与态度保持联系的行为时,就不难得出态度与行为相一致或有关联的结论。另外,还要观察个体做出的行为反应是即时行为反应(指短时内做出的行为反应)还是长久行为反应(指较长时间内做出的行为反应)。即时行为与态度保持较高的一致性,而根据态度来预测长久行为则较为困难。

3. 个体自身的人格特征

自尊水平较高的人,不会轻易受他人的影响,而自尊水平较低的人,则容易为他人所左右。因此,自尊水平较高的人,其态度和行为的一致性较高。此外,具有较高自我控制行为能力的人,在某种程度上其行为会较少受自己情绪等内在心理因素的支配,而更多的是根据环境的要求去表现,因此其行为与态度的一致性相对较低;而具有较低自我控制行为能力的人,其行为与态度的一致性则相对较高。

---

① "三伏贴"是将不同中药材加工成细末后加入辅料,调制成糊状或膏状,在夏季伏天贴于人体相关穴位,通过穴位敷贴中药刺激,以达到内病外治,冬病夏治的功效。对一些多在冬天发作的呼吸道疾病、过敏性疾病、慢性脾胃疾病等有较好的疗效。

专栏 4-5

刘老太的转变

两年前,儿女计划把 70 多岁的刘老太送进养老院生活时,刘老太觉得儿女们要弃她不顾,死活不同意,闹了一个月,体重从 51 kg 降到了 45.5 kg。其实,儿女要送刘老太去养老院,是想让她多融入集体生活,不至于一个人在家胡思乱想。刘老太对集体生活感兴趣,但又担心儿女们从此不再管她。后来大家商定,刘老太先去养老院住一个月,如果儿女没有做到每周去看望她一次,一个月后便搬回家。于是,刘老太住进了自己选择的一家养老院,一直住到现在。

讨论: 谈谈刘老太对住养老院态度转变的原因。

三、老年人人际交往的特点

人的社会属性决定了人们在社会生活中会不断与他人发生互动,我们把这种互动称为人际关系,它是人们通过人际交往和人际沟通所形成的一种直接的心理关系状态,反映了一个人与他人的心理距离、对他人的心理倾向和行为意向。与其他年龄群体一样,老年人通过人际交往来缓解其退离社会生活中心的心理压力。人际交往是老年人获得社会支持、获取信息、交流情感的重要途径。

(一) 老年人人际交往的一般特点

人际交往对老年人非常重要,人际交往的质量对老年人的身心健康有着直接的影响,良好的人际交往促使老年人排解孤独和寂寞,让老年人享受人与人间的幸福和快乐。研究发现,老年人人际交往具有以下特点。

1. **个体性突出**

尽管人际关系主要体现在个体与个体、个体与群体、群体与群体之间的互动过程中,但究其根本则是具体的个体之间的互动。例如,一位老人是否能够融入社区老年人活动小组,从表面上看是个体和群体之间的互动关系,但实际上却是这位老人与活动小组中其他成员个体之间的关系。这位老人和小组成员甲是否相互接纳,和小组成员乙是否可以顺畅地沟通,和小组成员丙彼此之间的好恶等,都决定了这位老人是否愿意加入这个活动小组;同时这位老人能得到该小组多少成员的接纳,则决定了活动小组对老人的欢迎程度。与其他年龄阶段相比,个体在老年期所受到的社会(组织)约束相对较少,在人际交往过程中社会对其态度、情感规范压力减弱,老年人在人际互动中可以更加随心意、自由自在,因此老年人人际交往的个体性更为突出。

2. **从众性和追求归属感**

从众性是社会生活中十分普遍的心理现象,是个体在受到群体心理压力时,在知觉判断以及行为上,都表现出与群体一致的行为倾向。老年人在人际交往过程中出现从众行为的原因是多样的,为了获得社会对自己的认可,或是

在对自己的判断力缺乏信心时,或是为了不落伍,老年人多会表现出从众的心理趋向。我们常常可以看到一些老年人陷入推销购物骗局的新闻报道,老年人之所以陷入这些漏洞百出的骗局中,一个重要的原因就是骗子们利用了老年人在人际交往中的从众心理。另外,老年人还通过人际交往来追求归属感。每一个人都有归属某一社会群体的交往需要,渴望通过获得群体的接纳并能和他人保持有意义的联系来获得认同、悦纳和相互关心与相互帮助等。这种归属感对老年人来说十分重要,因为它能为老年人提供重要的人际心理支持。

专栏 4-6

盲目"保健"陷骗局

张老太参加了几次按摩床免费试用活动,感觉腿"不那么痛"了,于是在销售人员的劝说下,准备花近万元把按摩床买回家。女儿百般劝说,她才放弃。心理学家认为,老年人情感脆弱、易冲动,也很随意,在特定的环境下容易受别人的影响,即从众心理强。所以,在参加商业活动时,老年人会义无反顾地追捧被推销的产品。此外,老年人希望自己健康长寿的心理强烈,只要商家把产品的"延年益寿"功效夸上天,老年人就特别容易"来者不拒"。

3. 注重积极情感的投入

情感在人际交往中起着重要的作用,是老年人人际关系的基础,它影响着一个人的情绪状态,带给人或积极或消极的态度体验,并与人的社会性需要相联系。经过岁月的历练和人生经验的积累,老年人人际关系会随着年龄的增长而有所改善,关注人际交往的深度而非数量,他们会将那些难以相处的人从他们的社交名单中剔除,只留下那些更加友善的朋友。他们在人际交往的过程中,更加注重积极情感的投入,减少负面情感反应。他们注重保持谦和的态度、自尊、自信,重视情义,遵循群体准则。

(二)影响老年人人际交往的因素

进入老年期,随着生活重心回归家庭,老年人生理、心理和社会角色随之发生变化,这使得他们在社会交往态度、交往需求、交往范围和交往方式等方面与之前相比发生着变化,以血缘关系和地缘关系为主的人际关系网络成为老年人人际交往的主要范围。随着时代的发展和科技的进步,老年人也逐渐通过网络建立起新型的人际交往方式,扩展了交往空间,扩大了交友范围,人际交往关系变得更加复杂和多样。对于为老年人提供服务的护理人员,了解影响老年人人际交往的因素十分重要。

1. 认知

从心理学的角度看,在人际关系中认知偏差是影响正常人际交往的重要因素。对认知偏差的影响的认识,我们可以从老年人的自我认知偏差和对他人认知偏差两个方面来进行。

老年人在人际交往中存在的自我认知偏差通常以两种形式表现出来：一是自我评价过高，二是自我评价过低。自我评价过高往往导致老年人过分相信自己的聪明和才干，导致恃才傲物、一叶障目，而自我评价过低使得老年人看不到自我的价值，导致缺乏自信。对他人的认知偏差通常表现为以下几种情况：以貌取人、以成见待人、从众。以貌取人在人际交往中常表现为首因印象，这种只看表面不关注事物实质的认知倾向容易造成对人际关系认识的失误。以成见待人在人际交往中常表现为晕轮效应和定势效应，晕轮效应使得老年人仅靠片面信息，不加分析地对人际关系做判断，忽视了片面信息的掩盖性以及可能导致的错误判断，从而影响人际交往；定势效应使得老年人在人际交往过程中，用固化了的思维定势来简化对人际关系的判断，从而导致对特定人际关系形成成见。如老年人认为年轻人单纯、幼稚、缺乏经验、办事欠稳妥，因此当他在与某个年轻人共同完成某一任务的过程中，便会自觉不自觉地将该年轻人归为此类，导致无法形成信任的合作关系；从众是根据多数人的看法来确立自己的观点或态度的一种现象，它导致老年人在对人际关系进行判断时，只追求不掉队而忽视客观事实，使其认识失真，从而影响与他人的交往。

2. 情绪

在人际交往过程中，情绪作为十分重要的中介因素，影响着人际交往的质量。人际交往的质量取决于一个人情绪表达是否恰当，与人际交往情境相适当的情绪表达，有利于在特定人际交往情境下，帮助他人了解和认知个体的态度，而适度的情绪表达则有利于人与人之间的沟通和理解。生活中不乏人年龄大了反而脾气变坏，容易发怒的例子，这类老年人因为健康水平下降、生活圈子变小或社会退离引发丧失感，导致心绪调适不良，其中一些老年人情绪反应过于强烈，不分场合和对象，感情用事；还有一些老年人情绪反应过于冷漠，对本可引起情绪反应的事物无动于衷，表现得麻木、无情。这些不良情绪反应都会影响老年人与他人的沟通，导致人际交往质量不高。

3. 人格

人际交往中，人格因素发挥着至关重要的作用。人格发展完善的人能与他人友好相处，尊重并信任他人，更容易被他人接纳和欢迎，而人格发展不完善的人则很难建立起积极稳定的人际关系网络。在生活中，我们会遇到自恋型人格特质的老年人，他们在认知上不能与他人有效共情，很难做到站在他人的角度替他人着想，真正去关心他人的情绪和处境，在与这类老年人交往的过程中，无论是亲属还是他人，会经常感到精神上、物质上的压力很大；还有一些老年人表现出苛求于人的人格特质，他们常常对他人要求很高，不允许他人违背他们的意志，使他人感到紧张、压抑、自尊心受挫；另外，有一些老年人比较固执，对待问题缺乏变通，对他人的不同立场常表现出愤怒、不合作，甚至出现极端行为。与拥有此类个性特质的老年人交往会让人们感到交往成本太高，从而减少与之交往的机会，最终导致这些老年人陷入不利的人际交往困境。

任务二　知晓老年人常见的社会心理问题及其成因

步入老年生活以后,老年人的社会交往范围骤然缩小,老年人人际关系状况发生变化。如果老年人对这些变化没有做好充分的心理准备,常会出现一些社会心理问题,这些问题从表现形式上可分为自我意识障碍和社会交往障碍两类。

一、老年人自我意识障碍

老年人的自我意识容易在自我认识、自我体验和自我调控等方面出现障碍,出现自我扩大、过度自责、自我控制失调等各种不健康的心理行为。

(一)老年人自我意识障碍的临床表现

1. 自我扩大

自我扩大是老年人群体中常见的一种心理行为现象,是指老年人盲目地夸大自己的能力和成绩,以自我为中心,笃定地认为自己了不起,"我过的桥比你吃过的盐还多……"是他们常用来回应年轻人的口头禅。他们人生经验丰富,因此坚信自己看问题的目光深远,渴望见解得到采纳和欣赏。尽管从社会生活的中心退离,但他们依然希望得到他人的关注,希望他人认同他们的能力,因此他们常常对自己的能力和成绩夸大其词,喜欢回忆自己曾经的成功经历。

自我扩大的老年人大多自尊心极强,年老带给他们的衰退感使得他们对他人的看法十分敏感,担心自己被排斥于社会生活之外,因此他们选择自我伪装,愿意将自己最强壮的部分展示于人,同时为了避免自我认知冲突所引起的不平衡感,他们拒绝接受他人对自己的建议和批评,非理性思维占据上风,经常绝对化、以偏概全,同时伴随着强烈的情绪,出现不尊重他人、对他人的成绩和行为不屑一顾等不友好的行为。老年人的这些表现往往让其身边的亲属、朋友无所适从,不能理解,最终导致老年人在人际交往过程中无法赢得他人的尊重,人际关系不良。

2. 过度自责

社会生活中,我们每个人都有做错事的时候,做错事之后如果发现是自己的错误,很多人就会有自责的心理,这是正常的现象。有的人在自责的同时会从错误中吸取经验,并相信自己会越来越好,而有的人则会出现过度自责的心理问题,因一些并不严重的缺点或错误而产生罪恶感,对之念念不忘,悔恨至极。这种过度自责损害了人们正面的自我评价,使人变得敏感、郁闷、沮丧,并伴随出现一些心理疾病,如抑郁、焦虑、回避等。老年人在生活上时常会遇到一些困难,需要他人的帮助,一些自尊心强的老年人往往不愿意给他人增添麻烦,怕自己被看不起,遭到别人的嫌弃,因此往往会为自己的一些小失误自责不已,甚至不能原谅自己。还有一些老年人在老年期不能完成自我整合,认为自己已经年迈,人生的遗憾已无法弥补,也没有机会实现年轻时的梦想了,凡此种种,最终落入自怨自艾的情绪陷阱。过度自责的老年人能认识到自己的缺点或错误,却不能容忍自己的缺点,在其认知过程中,常常将自己的缺点扩大化。

与自我扩大不同的是,过度自责的老人不仅否定自己在生活中的成绩,而且无休止地陷入挑剔自己的不足的情绪中,不能客观地审视自己和他人在社会生活中的角色处境,将许多事情的全部责任都归到自己的身上来,不能做出积极客观的自我评价,并伴随着消极、低沉和沮丧的情绪。不能与他人形成积极主动的情感交流关系,阻碍其健康人际交往关系的建立。老年人的过度自责往往会发展为自我厌恶、自我烦恼、自我悲观、自我憎恨和自我绝望。他们在生活中小心翼翼、行为退缩、过度忍让、悲观失望、憎恨自己。随着子女离家、退休、配偶死亡等情况的发生,老年人感到自己前景凄凉,从而产生厌世心理,期盼自己尽早离开人世。

3. 自我控制失调

自我控制是一个人对自己行为和心理活动的自我作用的过程,表现为意识活动对自我的协调、组织、监督、校正、调节,从而使其心理活动系统作为一个能动的主体与客观现实相互作用。自我控制涉及一个人如何成为自己理想中的那种人,应该怎么做,等等。它帮助人们对自己的思想和行为进行自我控制和调节,使自己形成完整的个性,同时也帮助人们客观地认识外界事物,具有自我教育、自我塑造的推动作用。

老年人在自我意识水平方面的自我控制失调,主要体现为老年人在认知、情绪和行为等方面无法做到合理的自我控制和调节,出现自我控制失调。在生活中我们发现有些老年人对外部生活缺乏兴趣、消极怠惰、思维贫乏、情绪低落、郁郁寡欢,对什么刺激都提不起兴趣,行为没有明确的目标,优柔寡断,患得患失,不能做出决定,这是自我意识低落的表现;而另一些老年人则出现与之相对的自我意识增强,即兴趣弥散而广泛,思想奔逸随境转移,不能坚持。他们喜欢到处打听与自己无关的没必要知道的事情,生怕遗漏一点信息,情绪过度兴奋,对微小的刺激做出强烈的情绪反应,在行为上表现为处事武断,不顾他人的意见与感受,一意孤行,常与他人发生冲突。

老年人自我意识障碍使得老年人不能正确认识自我、接纳自我和控制调节自我,严重影响了老年人的心身健康。自我意识低落严重者会出现老年期神经症和抑郁症,而自我意识增强严重者会出现精神分裂或痴呆状态等严重的心理疾病。

(二)自我意识障碍的成因

1. 个体特征

从老年人的个体发展特征来看,老年期个体要面对自我意识调整的新挑战。在这一时期,老年人在生理上处于衰退期,其心理发展必须面对所处现实生活处境的变化带来的适应挑战。在这一过程中,以往所形成的人生观、个人人格特征、社会经验等都深刻地影响着老年人的适应能力。首先,现代社会发展速度加快,老年人在退离主流社会生活后,要跟进社会变迁,所付出的努力要高于年轻人,因此容易出现心理冲突、矛盾和困扰。其次,老年期是人生发展阶段中继儿童早期、青少年期之后的第三个自我意识高涨时期,他们在追求独立

性与对子女的心理依赖之间充满矛盾,他们希望在子女面前一如既往地拥有绝对权威,但同时在生理、心理方面又对子女存在依赖。最后,老年人往往在生活中容易陷入自主性与被动性的矛盾。不同于儿童,老年人在认知、情感和行为上都能做到自觉、主动地思考、体验和行动,但由于生理和心理上的退化以及从社会生活逐渐退离,使得他们又表现出一定的盲目性和被动性,导致其自我怀疑、自我厌弃、自我意识扩大或是自我意识控制失调,出现自我意识障碍。

2. 环境因素

老年人自我意识障碍产生的环境因素分为家庭环境和社会环境两个方面。首先是家庭支持缺位。家庭是老年人退离社会生活后最重要的港湾,但是如果家庭成员不能站在老年人的角度理解和认识老年人的心理、生理变化特点,对老年人要求过多、过高,不能给予老年人相应的心理支持,就会给老年人带来心理压力,甚至心理伤害。其次,家庭成员关系紧张,也会导致老年人在家庭关系中不能清楚地定位自己的家庭角色。由于在家庭中无法获得自我价值感和身份认同,老年人的自我意识调整和建构过程出现困难,致使他们出现退缩、畏惧、自卑、孤独,或是妄自尊大、目中无人等特点。最后是社会环境排斥。快节奏、多元化的社会生活变迁使得人们在对待老年人的态度中多了急功近利、简单粗暴,少了耐心细致、体谅关怀,地铁里自动扶梯的运行速度往往给老年人带来挑战,十字路口人行横道的红绿灯时长不足以让老年人安全通过,等等,这些日常生活中对老年人的不友好现象,进一步降低了老年人的自我评价,使得他们越来越泄气,越来越自我厌弃,自我意识水平不断降低,并逐渐选择远离社会生活。

二、社会交往障碍

我们每一个人都生活在社会群体之中,对于老年人来说,社会交往更是其获取信息、交流感情、增进友谊、丰富晚年生活的重要渠道。良好的人际关系使人心情愉快,增进人与人之间的心理距离,帮助老年人更好地适应社会生活;反之,则会导致心情压抑,产生无助感,从而影响身心健康。

(一) 退休综合征

1. 退休综合征及其临床表现

退休综合征是社会生活中老年人群体常见的社会交往障碍。退离工作岗位,将活动重心转回到家庭是人生中的一次重大变动。老年人退休后,在生活内容、生活节奏、社会地位、人际交往等各个方面都会发生很大变化,如果老年人不能适应新的社会角色、生活环境和生活方式的变化,会出现焦虑、抑郁、悲哀、恐惧等消极情绪,或产生偏离常态的行为。退休综合征属于适应性的心理障碍,严重的情况下会引发老年人其他生理和心理疾病,影响其身体健康和正常的社会交往。

老年人在经过几十年有组织、受纪律约束的在职生活后,退休使得其有规律的工作、学习、劳动节奏被打乱,取而代之的是松散、茫然、失去目标的现实处境。离开熟悉的人际交往圈,老年人产生的突然袭来的孤独、寂寞、空虚、焦虑或忧愁等心理的或生理的症候群,即退休综合征。出现退休综合征的老年人一般会表现出以下症状:① 性情变化明显,原本乐观的人这时候可能变得情绪消沉,要么闷闷不乐、郁郁寡欢、不言不语,要么急躁易怒、坐立不安、唠唠叨叨;② 行为反复或无所适从,注意力不能集中,做事经常出错;③ 对现实不满,容易怀旧,并产生偏见;④ 生理功能衰退,神经、免疫、内分泌及其他各系统功能弱化,部分老年人会出现失眠、多梦、心悸且有阵发性全身燥热感等不适表现。退休后,老年人这种性情和行为方面的改变往往会引起一些疾病的发生,原来身体健康的老年人会产生某些心身疾病,而原来患有慢性病的老年人,其病情则会加重。

2. 退休综合征的成因

(1) 个人特征。从个性因素看,事业心强、好胜且善于争辩、严谨和固执的老年人易患退休综合征,因为他们过去每天都处在紧张忙碌、担负责任并从中获得个人价值感的状态中,退休使得他们突然转到无所事事、没有压力的状态,对他们来说这种心理适应会比较困难。同时个性偏于刻板和保守的人对于生活中发生的重大改变的适应能力较差,也容易受到退休综合征的困扰。而个性散淡、性格平和、随遇而安,对事业的成败要求不高的老年人,则不容易受退休综合征的困扰。此外,性格开朗,兴趣爱好广泛、包容宽厚、人际拓展能力较强的老年人在退休后,容易找到新的精神寄托,建立社会支持圈落,可以在较短的时间内树立新的生活目标,制定适合自己的生活节奏,适应退休生活;而那些生活兴趣面较窄、人际拓展能力较弱的老年人,退休后容易失去精神寄托,生活变得枯燥乏味,经常感到孤独、苦闷,烦恼无处倾诉,情感需要得不到满足,容易出现消极情绪。

(2) 家庭支持。首先,退休后,老年人的主导活动和社会角色发生了改变,从工作单位转向家庭,而成年子女"离巢"使得老年人无法从子女那里得到与以往同等的回应,被冷落的心理感受便会油然而生。其次,身体机能的衰退和病痛,使得老年人的社会交往范围变小、频率下降,信息交流不畅,因此容易产生孤独感,如果不幸丧偶,则可能引发老年人自闭性心理状态。最后,家庭是老年人退离主流社会生活后的避风港,家庭成员给予老年人的身心支持是提升老年人晚年生活信心的重要动力源泉,老年人在现实生活中容易遭受挫折,不顺心、不如意之事时有发生,加之老年人的身体机能日趋衰退,如果老年人不能从家庭成员,特别是子女那里获得支持,便容易产生抑郁、失落、孤独、自卑、疑虑,以及对死亡的恐惧等复杂情绪,这些都严重影响老年人与他人的社会互动。

(3) 性别因素。大量研究表明,通常男性比女性更难适应离退休带来的各种变化。男性人际关系网络的建立主要来源于工作任务,而女性的人际关系网络多建立在情感关系上,因此退休后尽管男性和女性活动范围都存在由"外"向"内"的转移,但男性的人际活动范围比女性明显缩小。此外,在中国传统的"男主外,女主内"家庭模式下,在职期间女性花在家庭上的时间比男性更多,因此退休后女性所面临的生活重心转移的挑战要远远小于男性,心理平衡比较容易维持。

（二）空巢综合征

1. 空巢综合征及其临床表现

空巢家庭是指无子女或子女成年后相继离开原生家庭，原生家庭中只留下老年人独守的家庭。空巢家庭分为两种情况，一种是家庭中只有一位单身老年人独居，还有一种是只有老年人夫妇二人居住，这两类家庭的老人要么没有子女，要么是与子女分居。空巢综合征是人生发展到成年中期或老年期时产生的一种社会心理现象，生活在空巢家庭中的老年人，由于缺少与外部社会的沟通和人际往来，人际关系疏远、与社会生活隔离而产生被分离和被舍弃的感受，属于现代社会老年人群体多发的适应障碍。空巢综合征的出现主要源于情感空虚，患有空巢综合征的老年人，大都存在心情抑郁、惆怅孤寂、行为退缩等问题。他们中许多人深居简出，一些社会交往严重退缩的老年人也被称为"隐蔽老人"。许多空巢老人长期过着"出门一把锁，进门一盏灯"的生活，每日除了进餐和睡觉外，别无他事，心存强烈的孤独感和无用感，容易引发情绪低落甚至抑郁。有调查结果显示，空巢家庭中的老年人患抑郁症的比例远远高于非空巢家庭中的老年人，空巢家庭中的老年人抑郁症的产生显然与其所处的空巢环境有很大的关系。加之在日常生活中孤立无援，使得空巢家庭中的老年人对自己的身体状况更加敏感，更容易产生衰老感以及绝望情绪。

在日常生活中，老年人空巢综合征常表现为：① 精神空虚，无所事事。子女离开家庭之后，老年人从原来多年形成的紧张的、有规律的生活，突然转入松散的、无规律的生活状态，一些老年人无法很快适应这种生活状态的突然改变，进而出现情绪不稳、烦躁不安、消沉抑郁等。② 孤独、悲观，社会交往减少。子女离家导致老年人的生活中心突然出现空白，生活的目的和价值感来源丧失，甚至对自己存在的价值表示怀疑，陷入无趣、无欲、无望、无助状态。③ 心理失调。患空巢综合征的老年人常常出现孤独、空虚、寂寞、伤感、精神萎靡、情绪低落等一系列心理失调症状，严重的会加速老年人的精神、思维能力和判断能力的衰退，并诱发认知症、老年抑郁症和其他老年精神、心理疾病。④ 躯体化症状。老年人受"空巢"应激影响产生的不良情绪，可能导致一系列的躯体症状和疾病，如睡眠障碍、头痛、食欲不振、心慌气短、消化不良、心律失常、高血压、冠心病、消化性溃疡等。

孤独的晚年生活

情境一 老胡和老伴儿都是退休职工。去年，他们的儿子和女儿先后结婚，女儿嫁到另一个城市，儿子结婚后搬到另一处新房居住。按理说完成了工作和养育子女的义务，老胡和老伴儿应该轻松愉快地安享晚年，可自从女儿、儿子离开家后，老胡的老伴儿便思维迟钝、郁郁寡欢，成天闭门发呆，愁眉不展，不同亲友往来，连老胡找她说话，她也不理睬，拉她出去参加老年人的活动，她也不去，时常自个唠叨说别人对她不好，这个世界上人

情淡漠,孤苦伶仃地活着没有什么意思。老胡心里很着急,怀疑老伴儿是不是得了什么病。

情境二 李婶刚刚退休,然而此时与她共同生活了36年的老伴儿竟因突发心肌梗死倒在了工作岗位上。李婶本就无儿无女,老伴儿的去世使她的精神几乎崩溃。她和老伴儿恩恩爱爱、感情甚笃,如今人去屋空,使她失去了继续生活下去的勇气和信心。她患有多种慢性疾病,以前总害怕治不好,现在却期盼病情急剧恶化,好早日到另一个世界与老伴儿重新团聚。

思考: 1. 尝试向老胡解释其老伴儿出现这种状况的原因。
2. 针对李婶的状况提出相应的护理建议。

2. 空巢综合征产生的原因

(1) 个人原因。从老年人自身的角度看,空巢综合征的产生主要源于三个方面的原因:一是老年人对退休后的生活变化不适应,从工作岗位上退下来后感到冷清、寂寞;二是老年人对子女或伴侣的情感依赖性强,有"养儿防老"的传统思想,想到自己年老正需要儿女做依靠的时候,儿女却不在身边,不由得自哀自怜,产生对生活兴趣索然等消极情感;三是丧失感对老年人自我弱势意识的强化,随着老年人在健康、容貌、体力、记忆力、反应的速度与灵活性、工作、社会经济地位乃至配偶、朋友和稳定自我意识等方面的丧失感不断加深,老年人的价值感与自尊也会随之不断下降,在这种情况下,如果子女离家,便会进一步增强丧失感所带来的消极影响,从而使一些老年人(特别是失去配偶的老年人)产生孤独、老朽无用、失望、无助等消极情感,甚至出现严重的抑郁症状。

(2) 家庭原因。第一,从家庭结构来看,随着社会的发展,人们的婚姻观和生育观也发生着重大改变,独生子女家庭、丁克家庭、独身家庭以及家庭的少子化现象,使得空巢家庭越来越多,传统大家庭所能提供给老年人的情感和心理支持功能弱化。第二,现代社会人们的生活观念发生转变,使得老年人和子女更愿意保持相对独立的生活空间,加之就业机会和生活资料的地区供给不平衡,越来越多的年轻人选择迁移到与父母相隔较远的地区工作和生活;还有一些老年人的子女在国外工作生活,这些老年人甚至要2~3年才能见到子女一面,与子女的聚少离多,使得老年人无法从子女处获得足够的心理支持,亲人间的情感互动严重匮乏,并进一步影响着老年人社会交往的主动性。

(3) 社会原因。老年人的社会生活主要是围绕家庭和社区展开的,然而现代社会人际交往更注重对个人隐私的尊重和保护,社区生活中的邻里关系比以往较为疏远,因此老年人在社区内建立自己的人际关系网络的难度增加,不利于老年人社会交往和参与社会生活。另外,社区照顾机制建设不完善,缺乏对社区空巢家庭老年人的照顾资源的培育与建设,如社区老年人家庭支援服务、志愿者队伍培育等,对这些老年人的照顾支持不足等,都成为老年人空巢综合征产生的原因。

专栏 4-8

克服空巢综合征

产生空巢综合征的原因有很多,首先是老年人生理机能衰退和收入减少导致空巢老人生活质量下降;其次是缺少来自亲属的关心和陪伴导致心理匮乏;最后,现代社会的快速发展使得老年人容易处于社会排斥的境地,并引发空巢老人的适应障碍。尽管空巢综合征是一个复杂问题,但并非不能克服,老年人只要采取适当的自我调节措施,如改变期望水平、从事力所能及的社会服务、培养兴趣等,多数老年人都能够顺利地应付空巢综合征的挑战。

任务三 掌握老年人常见社会心理问题的心理护理方法

对老年人社会心理问题的心理护理重点主要集中在自我认识、自我体验和自我调节三个方面。护理人员在专业心理医生的指导下,通过与老年人建立相互信任、平等合作的服务关系,对老年人的自我认知状况(包括老年人对自己的生理状况、心理特点、人格特征、能力、社会地位的认知和自我评价)、自我体验状况(包括老年人对自我评价结果是否符合自己需要所产生的"是否满意自己""能否悦纳自己"的情感体验)、自我调节水平(包括老年人对自己的心理活动和行为自觉而有目地调整的能力)进行评估,引导老年人正确地进行自我意识活动,形成积极的自我意识品质。

一、老年人自我意识障碍的评估、诊断与心理护理

(一)自我意识障碍的评估与诊断

1. 评估

在心理医生的指导下,护理人员对自我意识障碍老年人的评估内容主要包括以下几个方面。

(1)基本状况,包括:身体健康状况,日常生活习惯,行为表现,经济水平,家庭状况(家庭结构、家庭成员)等。

(2)社会支持状况,包括:家庭成员关系,社会人际关系网络,社会活动,沟通方式和问题处理方式。

(3)自我认知状况,包括:是否能全面而客观地认识自己,既能看到自己的优点,也能看到自己的不足;是否悦纳自我,并且在整体上喜欢自己,对自己充满信心。

(4)自我意识结构状况,包括:是否能保持相对稳定的自我意识;是否能够吸纳新经验并适当调整自我意识的内容,使自我意识始终能够与经验保持一致和协调;理想自我与现实自我是否保持基本一致。

2. 诊断

在临床诊断工作中,护理人员对老年人自我意识状况的评估,主要是在专业心理医生的指导下,借助自我意识量表(Self-Consciousness Scale,SCS)进行的(详见附录2)。自我意识量表主要用于对个人内在自我和公众自我的测量,量表编制者对测量结果的解释为:自我意识是指个体把自己当作关注对象时的心理状态,这种心理状态分为内在的自我意识和公众自我意识。内在自我的人对自己的感受比较在乎,他们常常坚持自己的行为标准和信念,不太会受到外界环境的影响;公众自我的人由于太在意外界的影响,常担心别人对自己有不好的评价,由于看重来自他人的评价,他们也常常会产生暂时性的自尊感低落,容易在理想自我和现实自我之间产生不一致。

(二)心理护理方法

在面对自我意识障碍的老年人时,护理人员应在心理医生的指导下,对其内在心理动机、自我概念、自尊水平、自信和自我监控能力方面进行引导和探索。

(1)与老年人建立信任关系,注重老年人的感受,以诚相待,创造有利的服务环境。协助老年人探索并认识自己的真实需要。

(2)协助老年人客观、准确地观察、评价生活环境中的他人和事物,提高对自己以及周围环境的认识和了解,既不盲目夸大,又不随意贬低,学会理性思考自己和周围环境之间的关系。

(3)协助老年人积极适应不断变化的社会环境,学习珍惜和享受生活,学会以积极的心态面对生活,并学习控制情绪。

(4)帮助老年人学会客观评价他人的价值标准与自我内心真实需求之间的关系,客观分析问题出现的原因并理性面对,既不回避责任,又不随意将问题包揽于自身,避免让自己陷入消极、负面的情绪陷阱中。

(5)通过角色扮演,让老年人重新体会特定情境下自己的态度、情绪和行为,了解自身态度、情绪和行为背后的非理性信念。

二、退休综合征的评估、诊断与护理

(一)退休综合征的评估与诊断

1. 评估

在心理医生的指导下,护理人员对陷入退休综合征困境的老年人的评估内容主要包括以下几个方面。

(1)基本状况,包括:身体健康状况,日常生活作息,近三个月的情绪状况,经济水平,个性特征,兴趣爱好,退休前职业状况。

(2)社会支持状况,包括:家庭结构,家庭成员情况,家庭成员关系,社会人际交往情况,社区组织及社会活动的参与情况等。

(3)社会态度与行为状况,包括:对具体生活事件的态度,对生活期待情况,注意力是否集中,情绪与行为的控制能力,生活适应水平等。

(4) 自我认知状况,包括:自我评价水平,自我角色期待,自我意识的稳定性,理想自我与现实自我的一致性等。

2. 诊断

护理人员在心理医生的指导下,依据所收集的资料、检查结果和前期评估结果,若发现老年人具备以下情况中的四个或四个以上,且症状持续出现六个月或以上,便可初步诊断为退休综合征。

(1) 坐卧不安,行为重复、犹豫,没有明确的生活目标。

(2) 注意力不能集中,健忘(主要集中在短期记忆,排除认知症),并有睡眠障碍。

(3) 与退休前相比性格变化明显,情绪和行为控制能力差,容易急躁和发脾气,猜忌、多疑。

(4) 生活态度消极,拒绝接受新鲜事物,对发展新的社会交往关系态度消极或心存压力。

(5) 不能对外界事物做出客观评价,常有偏见。

(6) 喜欢回忆过去,并吹嘘或夸大自己以往所取得的成绩,排斥并拒绝接受退休所带来的生活环境和角色的转变。

(7) 伴有明显的心身不适,出现失眠、多梦、心悸、阵发性全身燥热等症状。

(二) 心理护理方法

为患有退休综合征的老年人提供心理护理服务应以心理支持为主,护理人员应帮助老年人获得适当的社会支持,协助其减轻因退休引起的情绪问题,指导并协助其调试心态并制定生活目标,适应退休生活。

(1) 给予老年人支持和理解,善于倾听,对老年人出现的适应不良给予充分的理解,尊重其成就感和权威感。

(2) 与老年人一起探索退休所带来的角色转变、生活环境的转变,以及这些所引发的老年人心理和情绪感受,并学会认识、理解和接纳这些转变。

(3) 指导老年人学会以客观、积极、主动的态度面对外部客观事物,制定新的人生目标并安排自己的生活,做到老有所为、老有所学、老有所乐。

(4) 协助老年人构建健康积极的人际关系网络,协调并指导老年人的家庭成员给予老年人关怀和支持,协调社会组织和社区资源,引导老年人参与社区组织和社会活动,发挥余热并获得自我价值。

(5) 鼓励老年人坚持学习,对社会生活中的新事物、新知识、新经验保持开放的心态,通过学习来更新知识,跟进时代的步伐。

(6) 引导老年人培养健康的个人兴趣和爱好,益智怡情并开拓生活领域,形成有规律的并适合自己的作息习惯,增进身心健康。

(7) 指导老年人学习人际沟通和交往的基本技巧,提升老年人人际关系拓展能力,排解孤独寂寞,增添生活情趣。在家庭中,与家庭成员间建立和谐的人际关系,营造和睦的家庭气氛。

(8) 帮助少数出现严重适应不良并转化为抑郁症、焦虑症等病症的老年人,寻求必要的药物和心理治疗。

三、空巢综合征的评估、诊断与心理护理

(一) 空巢综合征的评估与诊断

1. 评估

在心理医生的指导下,护理人员对患空巢综合征老年人的评估内容主要包括以下几个方面。

(1) 基本状况,包括:身体健康状况,经济水平,个性特征,兴趣爱好,生活自理能力,受教育程度,近三个月的生活作息情况等。

(2) 社会支持状况,包括:家庭成员情况,与家庭成员的交往方式与交往频率,在家庭中的角色变化,人际沟通与社会交往情况,社区组织及社会活动的参与情况等。

(3) 情绪与行为状况,包括:近三个月的活动范围,近三个月的情绪状况,对生活期待情况,是否存在无法排解和无法摆脱的压力感,对亲属以及他人的态度,对现实生活的态度,是否出现过自伤行为等。

(4) 自我认知状况,包括:自我评价,自我角色期待,自我意识的稳定性,是否存在自我否定、自我弱化以及无力感,个人价值观等。

2. 诊断

护理人员在心理医生的指导下,依据对老年人的观察、沟通及前期评估过程中所收集到的资料,若发现老年人具备以下情况中的四个或四个以上,且症状持续出现在六个月或以上,便可初步诊断为空巢综合征。

(1) 悲观失落,心绪低沉,烦躁不安,消沉抑郁,有强烈的被抛弃感。

(2) 心理自我封闭,缺乏与他人的情感交流,常常自言自语。

(3) 缺乏生活目标,认为生活没有意义,无成就感。

(4) 对自己存在的价值表示怀疑,陷入无趣、无欲、无望、无助状态,甚至出现自杀的想法和行为。

(5) 惆怅孤寂,行为退缩,深居简出,很少参与社会交往,生活行动范围狭窄。

(6) 对子女有强烈的心理依赖,当依赖不能获得满足时,便会产生分离焦虑或爆发激烈的情绪反应。

(7) 伴随有睡眠障碍、头痛、食欲不振、心律失常、高血压、冠心病、消化性溃疡等躯体症状。

(二) 空巢综合征的心理护理方法

空巢综合征的产生主要源于老年人对生活节奏的适应不良,生活自理能力下降,在情感上过于依赖子女以及消极退缩的个性特征等,因此对空巢综合征老年人的心理护理,主要应从以下几个方面着手:

(1) 给予老人真诚的关怀和帮助,关心与尊重他们,与他们建立相互信赖的专业关系。

(2) 帮助老年人重新审视和认识自己的真实需要,引导老年人自尊、自立、自强,以积极的心态看待晚年生活,树立生活的信心。

（3）引导老年人积极地看待空巢现象，把独自生活当作锻炼自己社会适应能力的机会，把注意力从子女身上转移到自身，做自己感兴趣的事，充实自己的生活内容，提高生活质量。

（4）鼓励老年人主动与他人进行交流，指导老年人善于向他人求助，并在能力许可的范围内帮助他人，从而赢得他人的尊重和真诚的友谊，并获得自我价值感的提升。

（5）协助老年人与子女之间建立新型的家庭关系，引导老年人将家庭关系的重心由纵向关系（即父母与子女关系）转向横向关系，降低对子女回报的期望水平，减少对子女的依赖。

（6）协调并指导空巢家庭子女给予老年人关怀和支持，增进老年人与子女之间的相互理解。

（7）协调社会组织和社区资源，引导老年人参与社区组织和社会活动，联系社区搭建长者支援服务平台，为空巢家庭老年人提供生活照料、心理辅导和志愿者服务。

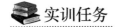实训任务

空巢综合征老年人心理护理

1. 训练目的

（1）熟悉老年人空巢综合征形成的原因。

（2）熟悉老年人空巢综合征心理评估与诊断方法。

（3）掌握空巢综合征老年人心理护理方法。

2. 训练准备

（1）环境准备。可支持学生接触空巢家庭老年人的社区环境，准备安静、整洁、光源可调节、通风良好的心理护理实训室。

（2）用具准备。可播放松弛的音乐和指令，进行示范和模仿的简单音响设备；舒适的躺椅及可活动桌椅等。

（3）学生准备。熟悉本模块相关知识点。以3~5人为单位组建实训任务小组。

3. 操作示范

通过视频播放或教师演示，示范空巢综合征老年人心理护理方法：

（1）老年人空巢综合征的评估内容与诊断依据。

（2）空巢综合征老年人的心理护理方法

4. 学生练习

（1）以实训任务小组为单位，深入社区观察空巢老年人个案。

（2）对所观察的疑似空巢综合征老年人做出评估、诊断及服务计划设计。

（3）通过角色扮演展示对空巢综合征老年人的心理护理服务。

5. 效果评价

（1）学习态度。是否以认真的态度对待训练？

(2) 技能掌握。是否能将所学的理论知识与实训有机结合,有计划、步骤清楚、过程完整地完成实训?

(3) 职业情感。是否理解老年人心理护理工作的意义?

(4) 团队精神。在实训过程中,小组成员是否团结协作,积极参与,提出建议?

思考题

1. 简述老年人重塑自我意识的意义。
2. 简述影响老年人态度形成的社会文化因素。
3. 试分析影响老年人人际交往的社会心理原因。

模块五
老年人心身疾病及护理中的应对

学习目标

1. 了解老年人常见心身疾病的类型及成因。
2. 熟悉老年人常见心身疾病的临床表现。
3. 掌握老年人常见心身疾病的心理护理方法。

- 任务一　了解老年人心身疾病的类型及成因
- 任务二　熟知老年人常见心身疾病的心理护理

模块五 老年人心身疾病及护理中的应对

情境导入

赵奶奶的疾病

赵奶奶72岁,这两年反复出现头晕、恶心、浑身乏力等现象,且早晨起床时还发现下肢浮肿,到医院检查未发现明显异常。后来医生发现赵奶奶身体出现的不适是心身疾病的典型反应,于是将治疗重点放在心理护理的介入。治疗过程中医生把握老人性格特点和心理冲突,耐心地倾听,让老人将挫折、委屈、压力等充分表达出来,以达到疏泄焦虑和压力的目的。

问题讨论:
1. 谈谈你对心身疾病的了解。
2. 运用前几个模块所学知识尝试分析赵奶奶出现心身疾病的原因。

任务一 了解老年人心身疾病的类型及成因

现代社会,人们逐渐认识到许多躯体疾病都有其心理根源,生理因素和心理因素的有机整合,塑造了生机勃勃的生命体——人。精神和躯体在同一个生命系统中共同发挥着重要的作用,两方面的因素与人体的疾病问题都有着密切的关系,对于那些心理因素在疾病发病原因中占较大部分的疾病,我们称之为心身疾病。心身疾病与纯粹的躯体、器质性疾病有所不同,尽管心身疾病表现出明确而具体的躯体变化,但这些躯体变化往往模糊不清,通常也不伴随持久性的躯体损害。随着社会经济的快速发展,高强度、快节奏的工作生活方式所引发的紧张、焦虑、忧愁、急躁、烦闷、压抑等心理应激反应成为现代社会人群中较为普遍的心理现象。在这一社会现象下,中老年群体由于其所具有的特殊生理、心理、社会状况,心身疾病患者人数逐年增加。针对老年人的心身疾病防治,单纯依赖药物治疗是片面的,难以完全奏效,必须结合积极有效的行为干预和心理护理,方能提高患者的主观能动性和自我抗病能力,防止不良心理的刺激,改善病情,提高疗效。

一、老年人心身疾病的含义与特点

(一)心身疾病的概念与范围

在医学领域,人们对心身疾病的关注最早可以追溯到约公元前4世纪,希波克拉底用体液学说解释疾病的发生,认为体液不平衡是导致疾病的原因;他还认为医生医治的不仅是病,更重要的是病人本身,主张在治疗时必须注意人的性格特征、社会环境因素和生活方式对疾病的影响。我国古代著名的医学著作《黄帝内经》中,也详细描述了我国古代医学家从心身相关的角度对疾病进行防治。我国有学者认为,老年人因生理、心理上的特点和特定的社会心理因素的影响,较年轻人更易患心身疾病,因此对老年人进行疾病的诊断和治疗时,必须同时关注其躯体和心理状态。

1. 心身疾病的概念

现代医学领域对心身疾病的正式提出可以追溯到20世纪20年代末,起初源于"心身医学"这一概念,随后在哈雷德和亚历山大的倡导下"心身疾病"这一概念被最终确定下来。心身疾病的概念在临床上一直有所变化,从美国《精神障碍诊断与统计手册》(DSM)来看,DSM-Ⅰ开始设有"心身疾病"一类;DSM-Ⅳ又将与心身疾病有关的内容列入"影响医学情况的心理因素"中,并明确指出它是对医学疾病起不良影响的心理或行为因素,这些因素包括:① 心理障碍;② 心理症状;③ 人格特质或应对方式;④ 不利于健康的行为;⑤ 与应激有关的生理反应;⑥ 其他未分类。

在生活中,我们经常发现有一些疾病的起因是生理和心理因素相互作用的结果,例如高血压可能起因于明显的家族病遗传史,也可能是生理上血管病变造成的,但却忽视了人们的生活状况,特别是紧张刺激的心境和饮食习惯对高血压症的影响。因此,我们将这一类主要或完全由心理、社会因素引起,与情绪有关,且主要呈现于身体症状的躯体疾病称为心身疾病。这一概念明确了心身疾病必须具备的三个方面的特征:① 以心理、社会因素为主诱发的疾病;② 有明确而具体的躯体症状或者病理改变;③ 在进程上与心理因素密切相关,介于躯体疾病与神经症之间。

心身疾病与身心疾病

心身疾病不等于身心疾病。

心身疾病与身心疾病是两个不同的学科,对它们的研究、处理应分别采取不同的方法和手段。身心疾病是因人的机体发生了生理变化而引发了个体心理、行为上的变化。身心疾病的发展过程与心身疾病相反。心身疾病是由于当事人对于发生在自己生活学习和工作环境中的各类事件的心理观念发生变化而对自我认识发生了改变,导致心理状态的不平衡,最终影响了身体的生理变化,出现了心身转换。

2. 心身疾病的范围

现代心身医学认为心理、社会因素在各种疾病的发生中均发挥着作用,心身疾病种类甚多并分布于各个生理系统中,因此人体的各个器官系统均有可能发生心身疾病。张伯源按照器官系统将常见的心身疾病分为以下七类。①

(1) 心血管系统。包括:原发性高血压(最终可导致心脏、肾脏或脑血管损坏);偏头痛(剧烈的一侧性头痛并伴有呕吐);冠心病(由于冠状动脉血管不能充分地向心肌供应含氧的血液,引起突然的胸部剧烈疼痛);心动过速(心跳骤然加快且节律改变,每分钟100次以上)。

---

① 张伯源. 变态心理学[M]. 北京:北京大学出版社,2005:329-330.

(2) 胃肠系统。包括：消化性溃疡（在十二指肠或者胃壁上产生溃疡性病灶，严重时造成出血、穿孔）；溃疡性结肠炎（容易造成腹泻、便秘、疼痛，严重时造成出血和贫血）；神经性厌食症（消瘦，严重时可导致死亡）。

(3) 泌尿生殖系统。包括：排尿障碍、痛经或月经失调等。

(4) 内分泌系统。包括：甲状腺机能障碍（甲状腺激素分泌过多易引起激动、烦躁和消瘦；甲状腺激素分泌不足引起呆智、肥胖和疲乏无力等）；糖尿病（糖代谢障碍，血糖和尿糖含量均高，引起过分口渴、虚弱无力和体重减轻等症状）。

(5) 呼吸系统。包括：支气管哮喘（发作性呼吸过深和喘息，严重时造成眩晕和昏厥）；过度换气综合征（呼吸过快、过深，胸部憋闷，头痛，恶心和心悸）；慢性呃逆（横膈肌痉挛发作，可造成呕吐或失眠、疲惫）。

(6) 皮肤。包括：荨麻疹（发红，发痒，隆起和条状的皮肤病变，经常成批地出现）；斑秃（俗称"鬼剃头"，部分或全部头发脱落，通常是突然发生）；神经性皮炎（身体某些部位的皮肤发生炎症，出现发红、发痒的斑块）。

(7) 肌肉和骨骼系统。包括：周身疼痛（背、腰、肩、颈、四肢及头部肌肉紧张和疼痛）；类风湿性关节炎（关节疼痛和肿胀）。

(二) 心身疾病的特点

1. 心身疾病的一般性特点

哈雷德提出心身疾病具有以下特点。

(1) 发病因素与情绪障碍有关。

(2) 大多与某种特殊的性格类型有关。

(3) 发病率有明显的性别差异。

(4) 同一患者可以有几种疾病同时存在或交替发生。

(5) 常有相同或类似的家族史。

(6) 病程往往有缓解和复发的倾向。

2. 情绪因素对疾病的影响

病理生理学家塞里认为，有害因素作用于机体后所引起的适应反应是非特异性的，如机体长期处于应激状态下，适应机制便会发生衰竭，某些系统和器官的功能崩溃，生理病理改变便会造成心身疾病。

心理生理学派近代的代表人物沃尔夫观察情绪因素对胃运动、张力、内分泌等方面的影响，发现在恐怖、失望、悲哀情绪下，胃的全部功能均降低。长期的愤恨情绪，可使胃黏膜充血，最终出现点状黏膜糜烂出血现象。当郁郁寡欢、灰心丧气或激烈运动比赛时，肠蠕动受抑制，可出现便秘。因此，沃尔夫认为情绪因素对某些躯体性疾病的发生起着重要的作用。

(1) 以躯体症状为主，即存在明确的器质性病理过程或已知的病理生理过程。

(2) 以上病理过程主要是由个体的情绪、人格和行为因素引起。

(3) 躯体变化与正常伴发于情绪状态时的生理变化相同，但更为强烈和持久。

(4) 通常涉及的是自主神经系统所支配的系统或器官或内分泌系统支配的器官。

(5) 有反复发作的倾向。

(6) 区别于神经症或精神病。神经症是内在心理冲突引起的,心身疾病主要是社会心理应激所致。

3. 老年人心身疾病的特点

老年人心身疾病具有以下四个方面的特点。

(1) 发病前存在明显的心理、社会方面的应激因素,并贯穿疾病的演变过程,但老年患者本人并不一定能意识到。

(2) 通过物理检查可以发现老年人存在躯体症状和体征表现。

(3) 老年人心身疾病常常伴随有自主神经、内分泌系统所支配的某一器官疾病反应。

(4) 老年人心身疾病所导致的生理变化比在正常情绪状态下的生理变化更为持久和强烈。

4. 心身疾病与器质性疾病、转换性疾病的比较

心身疾病与纯粹躯体的器质性疾病有所不同,心身疾病具有明确的躯体变化,它和器质性疾病、转换性疾病(反应)有所区别。器质性疾病是指多种原因引起的机体某一器官或某一组织系统发生的疾病,而造成该器官或组织系统永久性损害。转换性疾病是指有明显的生理症状却找不出机体上的原因的病症,表现为部分感觉或运动能力丧失、肌肉震颤、有语言障碍等,多发生在视觉与听觉两方面,例如内心冲突的极端压抑可转换为眼失明、耳失聪等现象,这些病症的躯体症状模糊不清,通常也不伴随有持久性的躯体损害。它们之间的比较如表 5-1 所示。

表 5-1 心身疾病与器质性疾病、转换性疾病的比较[①]

项 目	心身疾病	器质性疾病	转换性疾病
一般定义	与应激有关的障碍,有时由组织损伤造成	微生物或躯体创伤造成的组织损伤	无结构损伤的基础,只是机能丧失
举例	冠心病、消化性溃疡	阑尾炎、骨折	癔症性耳聋、癔症性失声、癔症性瘫痪
组织损伤	常有	有	无
发生部位	与自主神经系统有关联的器官	器官的任何部位	感觉和运动系统
病人的态度	关心	关心	不关心
躯体疗法效果	有效	有效	无效
心理暗示结果	对某些人有效	无效	有效

二、老年人心身疾病的成因分析

心身疾病的成因十分复杂,既有生物学因素的作用,如遗传素质,常常造成个体对某种心身疾病的易患性,又有社会方面的因素作用,如特殊的社会文化

---

① 张伯源. 变态心理学[M]. 北京:北京大学出版社,2005:339-340.

背景、压力生活事件,对心身疾病具有激发性的作用,还有心理方面的因素作用,如个性特征,特别是早期的生活经验和当前的心理状态,既可构成心身疾病的发病基础,又可参与对心身疾病的激发。因此,我们认为心身疾病是生理、心理和社会因素对个体共同作用的结果。

(一) 心理因素

1. 心理动力作用

在日常生活中,人们往往要经历各种动机矛盾和冲突,由于动机的冲突常常牵动着巨大的、持久的情绪体验,因此它与个体的身心健康有着非常密切的关系。对老年人来说,生活中的动机冲突和思想斗争是经常发生的,如旧的思想观念和现实生活体验之间的冲突,如果这些冲突得不到顺利的解决,便会使老年人在不断的有意识和无意识的矛盾冲突中形成严重的紧张状态,并产生大量的消极情绪,从而严重损害老年人的心身健康。

心理动力学理论认为,潜意识心理冲突在各种心身疾病的发展中发挥着重要的作用,潜意识心理冲突通过自主神经系统功能活动的变化,作用于相应的特殊器官和具有易患素质的患者而致病。心理学家亚历山大认为,心身疾病的发生源于心理矛盾、冲突在幼儿期被压抑而成,在成年时被某些环境刺激因素再次激活。例如老年期哮喘的喘息发作和咳嗽症状被认为是"被压抑的哭喊",目的在于得到身边人的关注和帮助。此外,在生活环境中老年人对爱的强烈而矛盾的渴望,也会伴随胃的过度活动,对于易患素质的老年人来说,就可能引发胃溃疡。因此,从心理动力学理论的角度出发,对心身疾病的治疗需要从查明并解决所谓致病的潜意识冲突和心理矛盾入手。

2. 精神应激和情绪反应

精神应激是导致或加重老年人原发性高血压、冠心病、消化性溃疡、皮肤病等心身疾病的重要因素。应激事件之所以能致病,实际上是以情绪反应作为中介来实现的。积极情绪有益身心,而消极情绪尽管可以看作是个体适应环境的一种防御性反应,对个体具有保护作用,但如果强度过大或持续时间过久,则可能导致个体功能失调,进而引发身体疾病。美国生理心理学家坎农研究认为,胃是最能表现情绪的器官之一;焦虑、抑郁、愤怒等情绪都可使消化活动受到抑制,同时情绪对心血管、肌肉、呼吸、内分泌等功能也有类似的影响,而情绪的改善则有利于胃溃疡等心身疾病的康复。因此,情绪反应是心身疾病的重要中介过程。

一般而言,丧失感、威胁感和不安全感等心理刺激是最易致病的。20世纪60年代以来的流行病学调查、动物实验和临床观察的研究,已肯定消极的情绪对疾病的发生和发展、病程的转归起着不良的作用。年老带来的生理上的诸多不便以及社会参与中的被排斥感,使老年人在其所感受到的威胁性情境下产生焦虑或愤怒反应,这些反应同时会伴随老年人肾上腺素、肾上腺皮质激素及抗利尿激素的增加,造成心率加快、血管收缩、血压升高、呼吸增速、胃肠活动减慢、新陈代谢率增高等身体症状,长期或过度的神经紧张,还会造成躯体病变。

3. 行为类型和人格特征

一个人的人格特质决定了其对现实的认识、看法、情感反应和处理问题的方法,同时也决定了个人对生活事件的态度。众多心理学研究结果表明,个体独特的行为特征和人格(个性)特点对其疾病尤其是心身疾病的发生、发展和病程转归都具有明显的影响。不同行为特征或人格特点的个体,受到相同的致病因素的影响,会表现出不同的结果。常见心身疾病患者的心理特征如表5-2所示。

表5-2 常见心身疾病患者的心理特征[①]

心身疾病	心理特征
消化性溃疡	患者有显著的依赖性人格特质,高度的焦虑,表现为报怨、不满、抑郁等反应。对生活事件的刺激有过度反应,存在情绪障碍
结肠炎	患者大多具有强迫、压抑、自卑及不安全感等人格特点,情绪稳定性差,容易紧张、焦虑、抑郁,对自己的健康过度担忧,但却较少自发地倾诉抑郁、焦虑情绪
神经性皮炎	患者往往具有强烈的责任感及强烈的羞耻心,情绪极度压抑,表现为过度抑制愤怒情绪、紧张情绪,往往通过抓挠皮肤释放自己的负面情绪
原发性高血压	患者多具有A型人格特质,即较高的成就感,富于挑战精神、争强好胜等,长期处于高度的注意力集中和精神紧张状态,压抑的负性情绪、焦虑、愤怒难以释放
偏头痛	患者性格谨小慎微、拘泥细节,但同时又对他人及环境的要求过高;生活中遇到不顺心事件时容易出现烦躁、沮丧等情绪,并进行自我惩罚
支气管哮喘	患者在日常生活中顺从、随和、工作负责,但其心理防御机制不成熟,表现为被动、敏感、懦弱,有分离的焦虑,寻求依赖式的保护

有学者在研究冠状动脉梗塞、高血压心脏病、心绞痛、心律失常、糖尿病等疾病时发现,这些生理疾病与个体的人格特质有着密切的关系,并提出特征性人格论,从而开创了不同疾病的人格特征研究。此外,美国心脏病学家弗里德曼和罗森曼把个体的人格特质分为两种,即A型和B型。A型人格特质的个体急躁、没有耐心、争强好胜、易激动、做事效率高、忙碌;而B型人格特质的个体缺乏竞争性、喜欢无压力的工作、喜欢过松散的生活、无时间紧迫感、有耐心、无主动的敌意等。同时他们提出"冠心病易患模式",即在饮食习惯、年龄、吸烟史等因素相仿的情况下,A型人格特质的人冠心病发病人数为B型人格特质的两倍,死亡率也大大高于B型人格的人。在弗里德曼和罗森曼的基础上,巴尔特鲁斯于1988年首先提出C型行为这个概念。C型行为的主要特征为压抑内蕴、怒而不发、抑郁焦虑、克制姑息等。巴尔特鲁斯指出,C型行为者的癌症发生率比非C型行为者高三倍以上。

---
① 许丽遐. 心身疾病的心理学病因及其预防[J]. 石家庄职业技术学院学报,2010(10):53-55.

对老年人来说，人格特质既是许多身体疾病的发病基础，又对老年人身体疾病的病程具有显著的影响。因为老年人往往依照自己人格特质来体验疾病，并建立与之相对应的紧张应激反应形式，所以同样的疾病发生在不同的老年人身上时，个体的临床表现、病程长短和转归结果都可能非常不同。因此，在提供心理护理服务时，需对引发老年人心身疾病的人格因素给予关注。

(二) 社会因素

1. 社会支持

社会属性是人类重要的心理特征，在生活中尽管老年人逐渐退离社会生活中心，但仍不能脱离其所依附的社会群体，良好的人际关系、充分的社会支持仍然是老年人有效适应社会的重要保证。社会支持是指一个人通过各类社会关系，如家庭、单位(组织)、社区等途径，获得他人在精神上的帮助与支持，从而增强自我心理功能，消除或减轻应激所带来的精神紧张状态。社会支持可分为两类：① 客观的、实际的或可见的支持；② 主观的、体验到的和情绪上的支持。一般地，社会信息和来自社会的应激源是最大的病因学要素，同样，由各种社会关系和社会组织构成的支持系统具有重要的心理矛盾冲突的缓冲作用。相关研究发现，消化性溃疡患者的社会支持较正常人显著较低，即其社会支持方面存在缺陷[①]。另一些研究也表明，社会支持的不足在肺癌患者抑郁症状的形成中也起着重要作用。这些研究充分表明，社会支持尤其是家庭支持具有减轻病患心理症状，提高生活质量及治疗效果的作用。[②]

2. 社会生活事件

急剧变化的环境刺激能促使神经内分泌系统释放多种应激激素，迅速改变机体的激活水平，使整个身体处于充分动员状态，这种长时间的身体紧张状态会破坏个体的生化保护机制，并导致激素分泌紊乱，降低个体的抵抗力，从而影响个体的心身健康。老年人个体在生活中常常会面对各种应激事件，如亲人亡故、子女离家、居住地搬迁、离开工作岗位等，这些因素都可以使器质性疾病处于易感状态。有学者在对亲人分离和心身疾病的关系研究中发现，住院的大部分患者都有失落感的诉述(真实的或想象的)，并在疾病的症状出现以前，就已感到失去希望和失去帮助。与此相似的报告表明，在配偶亡故后，存活一方老年人的死亡率和冠心病患病率都增高，由此说明应激生活事件对心身疾病的影响。此外，各种负面社会应激事件也是各种心身疾病产生的重要原因。老年人功能性胃肠病在发作前往往有极大的生活压力和更多的负面生活事件发生，这些压力对他们造成的损害比对健康者造成的损害更大。国内外相关研究表明，心身疾病患者较非心身疾病患者面对了更多的应激事件及问题。

---

① 林玲萍.消化性溃疡与社会支持[J].护理研究,2002(16):209-210.
② 雷伶,周路平.心理社会因素对个体心身疾病的影响[J].武汉科技学院学报,2006(19):102-104.

专栏 5-2

猴子抉择的实验

有这样一个实验：

两只猴子在放松时突然同时遭到电击，每二十秒一次。猴子们发现各自的椅子上有一个压杆。

甲猴在电击即将来临前掀动压杆，电击就取消了。乙猴也照样做，可是电击并没有消失，乙猴在电击面前束手无策。

甲猴一直紧张地估算着时间，在电击即将到来前夕，不失时机地掀动压杆，以避免灾难。

实验结果：在同等频率、同等强度电流的打击下，甲猴由于沉重的心理负担，得了胃溃疡。那只听天由命的乙猴却安然无恙……

三、心身疾病的常见类型及临床表现

（一）原发性高血压

1. 临床表现

原发性高血压是心血管疾病中的多发病症，也是最常见的慢性疾病，大多数原发性高血压见于中老年，起病隐匿，进展缓慢，病程长达十多年至数十年，常见的临床症状有头痛、头晕、注意力不集中、记忆力减退、肢体麻木、夜尿增多、心悸、胸闷、乏力等。早期症状不明显，仅仅会在劳累、精神紧张、情绪波动后发生血压升高，并在休息后恢复正常。之后血压升高逐渐趋于明显而持久，且一天之内白昼与夜间血压仍有明显的差异。高血压发展到晚期常会出现脑出血、脑栓塞、冠心病和肾功能衰竭等严重并发症。高血压症状因人而异，随着病程延长，血压明显地持续升高，逐渐出现各种症状。常见临床表现如下。

（1）早期有接近三分之一的患者没有任何临床表现，有些患者有可能在血压升高的时候表现为头晕、头痛，主要是双颞部、后枕部胀痛。血压升高的时候疼痛明显，血压恢复正常以后疼痛一般会缓解。

（2）躯体症状表现为心悸、心慌等，并可能会并发其他脏器的问题，例如肾功能下降、夜尿增多、尿蛋白等。

（3）心脏出现问题时会出现心肌缺血、心绞痛，严重的甚至出现心肌梗死；脑血管出现问题时会出现肢体活动障碍、言语不清、口角歪斜等；眼底出现问题时会出现视物模糊、视力下降。

2. 发病原因

有研究认为，盐的摄入量、运动状况、情绪、吸烟、环境改变等因素与血压的升高有密切关系，但造成老年人原发性高血压的原因及相关因素，目前尚无定论，一般来说可以从生物学和心理社会因素两个方面来进行讨论。

（1）生物学因素。

生物学因素分为以下三个方面。① 遗传。原发性高血压病人往往有家族疾病史，老年人原发性高血压可以追溯到其原生家庭父母的患病史。有调查发现，父母一方患高血压，子女发病率为25%；父母双方均患高血压，子女发病率可高达40%。② 盐的摄入量。心血管流行病调查发现，食盐摄入量过多的地区，高血压的发病率也较高。③ 肥胖因素。有研究认为，肥胖者的高血压发病率是正常人的2～6倍，据观察，体重每增加9 kg，舒张压就增加40 mmHg，但肥胖也并非必然因素，因为许多肥胖患者并不患有高血压。

（2）心理社会因素。

人们在生活中所遭遇的特殊生活事件、不同的社会结构和经济条件、不同的职业分工等，对人的血压都有明显的影响。有调查表明，从社会结构角度看，发达国家的原发性高血压发病率比发展中国家高；从经济条件看，城市原发性高血压发病率比农村高；从职业状况看，脑力劳动者原发性高血压发病率比体力劳动者高，特别是消防员、飞行员等工作紧张度较高的职业，发病率高出一般水平。

情绪变化对血压的影响也非常明显，长时间的紧张情绪往往是造成血压持续升高的重要原因，如焦虑、紧张、恐惧、愤怒、敌意等。此外，性格特征也与原发性高血压的患病率有很大的关系，易焦虑、易激动、冲动、求全责备、刻板、有竞争性等性格特点，往往容易引发原发性高血压。

居住环境质量也是引发原发性高血压的重要因素。高噪声区居民的高血压求治率高于低噪声区，例如居住在飞机场附近的居民，飞机噪声的长期作用可致血压升高。

总之，原发性高血压多发生在遗传上具有高血压基因的人身上，由于独特的人格特质，使他们在生活中容易受到社会紧张刺激因素的影响，而引起较大的情绪变化，通过交感神经系统引发反复的血压升高反应，从而导致高血压症状。其中，心理、社会因素在原发性高血压的发生、发展上有着重要的作用。

张爷爷的昏厥

张爷爷65岁，他以前是专车司机。最近3个月，张爷爷经常出现阵发性眩晕、头痛、乏力、失眠，适当休息后症状消失。最后一次症状较重，自觉心慌、胸闷、气喘、乏力，有昏厥感，当时意识尚清，平卧10分钟后症状好转。张爷爷去医院检查后发现：心电图房性期前收缩(亦称过早搏动，简称早搏)，血压波动在140～150/90～100 mmHg。无其他异常。张爷爷的父亲有高血压病史。张爷爷一辈子工作积极，上进心强，最近他对自己的疾病过分担心，情绪紧张、焦虑、忧心忡忡。

(二)糖尿病

1. 临床表现

糖尿病是一组以高血糖为特征的代谢性疾病。其病理生理性改变是由于胰岛素分泌缺陷或其生物作用受损,或两者兼有引起的糖、脂肪、蛋白质和维生素、水、电解质代谢紊乱,进而导致各种身体器官,特别是眼、肾、心脏、血管、神经的慢性损害和功能障碍。临床中常见的糖尿病分为Ⅰ型和Ⅱ型,中老年人群中多发的为Ⅱ型糖尿病,肥胖者发病率高,常伴有高血压、血脂异常、动脉硬化等疾病。糖尿病起病隐袭,早期无任何症状,或仅有轻度乏力、口渴,血糖增高不明显者需做糖耐量试验才能确诊,血清胰岛素水平早期正常或增高,晚期低下。

糖尿病的主要临床表现如下。

(1)"三多一少"症状。即多饮、多尿、多食和消瘦,多见于Ⅰ型糖尿病,严重者会发生酮症或酮症酸中毒。

(2)疲乏无力,肥胖。多见于Ⅱ型糖尿病,发病前常有肥胖,若得不到及时治疗,体重会逐渐下降。然而,并不是每个患者都具有这些症状,有的人甚至仅出现并发症的表现,如突然出现视物模糊,反复感染、肢体溃烂、肾功能损害等。

2. 发病原因

糖尿病作为一种多因性疾病,发病原因十分复杂。

(1)生物学原因。遗传因素与糖尿病发病具有密切的关系。糖尿病存在家族发病倾向,1/4~1/2患者有糖尿病家族史,在临床上至少有60种以上的遗传综合征可伴有糖尿病。此外,肥胖、胰腺损伤、衰老等也是引发糖尿病的重要因素。

(2)环境因素。饮食不规律和不健康的生活方式,如吸烟、饮酒、熬夜等,是引发糖尿病的一项重要因素;老年患者由于身体的各项机能减退,尤其是胰岛的β细胞的功能减退得更为明显,胰岛素的敏感性降低,所以对于胰岛素的摄取就较低,因此就会出现胰岛素抵抗,从而发生糖尿病。

(3)心理因素。心理应激和情境激动状态下,全身处于应激状态,增加了儿茶酚胺、肾上腺皮质醇等抑制胰岛素分泌的激素含量,致使血糖升高,诱发糖尿病。此外,应激状态下身体机能会出现高血糖代谢警戒反应,对大脑和末梢神经保持充分的营养供应,因此对易患糖尿病体质的人来说,对心理应激的反应会导致其已经脆弱的胰腺细胞衰竭,造成持久性胰岛素缺乏,从而发生糖尿病。

糖尿病的发病原因相当复杂,病情变化多,病程长久,多数病人一经发病,则持续终身,并伴有多种并发症状。糖尿病的治疗也是一个十分复杂的过程,除药物治疗并辅助以饮食治疗外,心理治疗也是一个重要的治疗手段。

(三)睡眠障碍

1. 临床表现

睡眠障碍是老年人个体的常见问题,它严重影响着老年人身体健康。睡眠障碍是指睡眠的量和质的异常,或者是在睡眠中或睡眠觉醒转换时发生异常的行为或生理事件。睡眠障碍表现为以下几个方面。

（1）睡眠量的不正常。睡眠量的不正常包括两类情况：一是睡眠量过度增多，如因各种脑病、内分泌障碍、代谢异常引起的嗜睡状态或昏睡，以及因脑病变所引起的发作性睡病，这种睡病表现为经常出现短时间（一般不到 15 分钟）不可抗拒性的睡眠发作，往往伴有摔倒、睡眠瘫痪和入睡前幻觉等症状；二是睡眠量不足的失眠，整夜睡眠时间少于 5 小时，表现为入睡困难、浅睡、易醒或早醒等。失眠可由外界环境因素（室内光线过强、周围过多噪声、值夜班、坐车船、刚到陌生的地方）、躯体因素（疼痛、瘙痒、剧烈咳嗽、睡前饮浓茶或咖啡、夜尿频繁或腹泻等）或心理因素（焦虑、恐惧、过度思念或兴奋）引起。一些疾病也常伴有失眠，如神经衰弱、焦虑、抑郁症等。

（2）睡眠中的发作性异常。睡眠中的发作性异常是指在睡眠中出现一些异常行为，如梦游症、梦呓（说梦话）、夜惊（在睡眠中突然骚动、惊叫、心跳加快、呼吸急促、全身出汗、定向错乱或出现幻觉）、梦魇（做噩梦）、磨牙、不自主笑、肌肉或肢体不自主跳动等。这些发作性异常行为不是出现在整夜睡眠中，而是多发生在一定的睡眠时期。例如，梦游和夜惊，多发生在正相睡眠的后期；而梦呓则多发生于正相睡眠的中期，甚至是前期；磨牙、不自主笑、肌肉或肢体跳动等多发生于正相睡眠的前期；梦魇多发生在异相睡眠期。

2. 常见睡眠障碍类型

有调查发现，中老年人睡眠障碍的发生率为 60% 以上，女性的发病人数是男性的 1.5 倍。常见睡眠障碍类型有以下几种。

（1）失眠症。失眠是老年人常见的睡眠障碍，表现为入睡困难、睡眠不深、易惊醒、自觉多梦、早醒、醒后不易入睡、醒后感到疲乏或缺乏清醒感、白天思睡。患者常对失眠感到焦虑和恐惧，严重的还可影响其精神状态或社会功能。

（2）嗜睡症。嗜睡症表现为过度的白天或夜间的睡眠，排除由于睡眠不足或存在发作性睡眠合并其他神经精神疾病原因，常与心理因素相关，患者每天出现睡眠时间过多或睡眠发作持续一个月以上。

（3）睡眠—觉醒节律障碍。该障碍也是老年人常见睡眠障碍之一，表现为睡眠—觉醒节律紊乱、反常，有的睡眠时相延迟。比如患者常在凌晨入睡，下午醒来；有的睡眠时间变化不定，总睡眠时间也随入睡时间的变化而长短不一；有时可连续 2~3 天不入睡，有时整个睡眠提前；过于早睡和过于早醒。患者多伴有忧虑或恐惧心理，精神状态不好，社会功能下降。

3. 发生原因

睡眠障碍的发生有复杂的生理和心理社会原因。

（1）生物学原因。第一，遗传因素，如果患者的双亲之一患有睡眠障碍，则患者的同胞中约有 1/2 会患病，且性别差异不大，并且连续几代都有发病者；第二，通常失眠与人体生物钟对人体体温的控制等问题有关，可能是体温调节节奏出现了延迟，身体的温度并没有下降，因此直到深夜才感到疲倦；第三，生物易感性因素，睡眠浅，容易被无关因素惊醒，或有发作性睡眠障碍病或阻塞性呼吸系统疾病的体征，这些也是导致睡眠障碍的重要因素；第四，老年人自身分泌褪黑激素减少,身体和大脑也就逐渐模糊了白天和黑夜的区别,令睡眠变得不规律。

(2)心理社会原因。第一是文化差异,文化规则可对睡眠呈现负面影响;第二是内心冲突,精神分析理论认为失眠是未解决的内心冲突的某种表现;第三是不良睡眠习惯,行为主义认为睡眠障碍是不良学习的结果;第四是错误的认知,认知行为理论认为患者对偶然发生的失眠现象的不合理信念是导致失眠长期存在的重要原因。

(3)应激与环境原因。第一,生活中的应激因素是导致短期失眠的最常见因素,如初入养老院的老年人、刚从工作岗位上退休回归家庭的老年人,都会出现短期失眠症状;第二,睡眠环境,每个人都有一个相对稳定和习惯的睡眠环境,环境的改变或睡眠条件的变化均会引起老年人的睡眠障碍。

(4)其他心理障碍。一些身体不适(如慢性疼痛)或心理适应不良(如焦虑、抑郁等)以及心理和生理上的交互作用(如慢性疲劳综合征),也会引发老年人睡眠问题。

害怕睡觉的高奶奶

高奶奶78岁,是一位空巢老人。一年前她在家中起床时突然昏倒在地,醒来后到医院检查,未查出异常。自此高奶奶整天担心自己的身体,害怕睡觉,每天晚上都看电视看到很晚,逐渐出现入睡困难、多梦、早醒等问题。白天,高奶奶精神差、乏力、注意力不集中,近期开始出现记忆力下降、不愿意外出、整天要有人陪伴,对生活也失去了信心。

思考: 根据前期所学知识分析高奶奶出现睡眠问题的原因是什么。

任务二 熟知老年人常见心身疾病的心理护理

对老年人心身疾病的心理护理工作,主要依赖于医生对病灶的基础性专业检测进行。其目的是通过了解老年患者的生活习惯、生活态度、生活环境状况、身体机能、心理(精神)状况等多个方面因素与其躯体疾病之间的关系,在配合医学治疗的基础上,施以心理护理服务,以达到减轻老年患者病症的发作或减少用药的心理护理目标。

一、老年人常见心身疾病的评估与诊断

(一)心身疾病的评估

心身疾病的评估,需由专业的医生通过科学、专业的观察及检测进行。具体的评估内容包括以下几个方面。

1. 全面了解老年患者病史

评估老年患者起病前的心理状态,如心理应激的来源、性质和程度、老年患者对应激事件的认知和反应、老年患者本人的个性特点、生活史、家庭环境以及亲子关系等。

2. 体格检查或实验室检测

通过对老年患者进行详细的体格检查或必要的实验室检测,排除其他器质性疾病所导致的躯体症状。在检测过程中,还需注意与心身疾病相关联的其他并发症状,如是否有甲状腺肿大、心音亢进等情况。

3. 进行心理评估

选用一些标准化的心理测量工具,对老年患者进行心理评估,全面了解老年患者的人格特点,并评估心理社会因素对其心身健康的影响。常用的心理测量量表有:症状自评量表(详见附录5),生活事件量表(详见附录3),A 型行为问卷,明尼苏达多项人格调查表(MMPI),应激问卷等。

4. 进行心理生理检查

对老年患者施以情景性心理刺激,然后用生理学方法检测血压、心率、呼吸及脑电反应等,了解老年患者心身之间的联系,从而做出准确的诊断。

5. 开展心理社会因素调查

通过运用 Holmes 的社会再适应评定量表,以及 Brown 的生活事件和自觉困难调查表(LEPS)对老年患者开展心理社会因素调查,以确定其在发病前是否存在心理社会因素,以及此类生活事件对老年患者产生影响的严重程度。

(二)原发性高血压的诊断

1. 原发性高血压与继发性高血压的区别

原发性高血压是指病因不明的血压升高,多为综合性因素所致,如遗传、肥胖、精神压力大、生活方式、年龄因素、药物使用的影响等。因为其特殊的发病原因,因此在临床上需要对患者进行基础性器官的检查,需要及时找准病因,并多采取综合干预,属于长期管理的慢性疾病。治疗的主要目的是最大限度地降低高血压导致的死亡和病残危险。因此,在治疗高血压的同时,干预所有其他的可逆性心血管危险的社会心理因素十分重要。

与原发性高血压相对应的是继发性高血压,它是指病因明确的血压升高,多是由于不良生活和饮食习惯导致血管内垃圾的堆积和血管活动障碍,如肾上腺肿瘤、肾血管狭窄等。继发性高血压尽管所占比例并不高,但绝对人数仍相当多,而且许多继发性高血压,如原发性醛固酮增多症、嗜铬细胞瘤、肾血管性高血压、肾素分泌瘤等,不需长期服药,可通过手术得到根治或改善。

原发性高血压和继发性高血压很容易混淆,为避免耽误治疗,要提高对原发性高血压的诊断认识。

2. 原发性高血压的诊断

对原发性高血压的诊断性评估包括以下三个方面:① 确定血压水平及其他心血管方面的危险因素;② 判断高血压的原因,明确非继发性高血压;③ 寻找靶器官损害以及相关临床情况。

高血压定义：在安静状态及在未使用降压药物的情况下，非同日 3 次测量血压，收缩压≥140 mmHg 和/或舒张压≥90 mmHg。收缩压≥140 mmHg 和舒张压＜90 mmHg 为单纯性收缩期高血压。患者既往有高血压史，目前正在使用降压药物，血压虽然低于 140/90 mmHg，也诊断为高血压。根据血压升高水平，又进一步将高血压分为 1 级、2 级和 3 级（如表 5-3 所示）。靶器官损害包括：

(1) 心脏。心肌肥厚，心腔扩大和反复心衰发作，合并冠心病可出现心绞痛、心肌梗死等症状。随着高血压性心脏病变和病情加重，可出现心功能不全的症状，诸如心悸、劳力性呼吸困难、阵发性呼吸困难、急性左心衰和肺水肿的征象，甚至可发生全心衰竭。

(2) 肾脏。肾功能明显减退，早期无泌尿系症状，随病情进展可出现夜尿增多伴尿电解质排泄增加，尿液检查异常，如出现蛋白尿、管型尿、血尿。患者可出现恶心、呕吐、厌食、代谢性酸中毒和电解质紊乱的症状，严重者可嗜睡、谵妄、昏迷、抽搐、口臭尿味、严重消化道出血等。

(3) 脑。高血压可导致脑血管痉挛，产生头痛、眩晕、头胀、眼花等症状。当血压突然显著升高时可产生高血压脑病，出现剧烈头痛、呕吐、视力减退、抽搐、昏迷等脑水肿和颅内高压症状，若不及时抢救可以致死。高血压引起脑梗死多见于 60 岁以上伴有脑动脉硬化的老年人，常在安静或睡眠时发生，部分病人脑梗死发生前可有短暂性脑缺血发作，表现为一过性肢体麻木、无力、轻瘫和感觉障碍。

(4) 眼底改变。高血压视网膜病变是高压引起的全身性血管病变的眼部的表现。在视觉症状上伴有视力下降、视物模糊、视物遮挡等，常以"看东西像有烟雾"感为主要症状。眼底变化可出现视网膜动脉狭窄或不同程度的动脉硬化，在视网膜中可见不同大小的血斑。高血压晚期可出现白色或淡黄色的硬性渗出。

表 5-3　血压水平的定义和分级

级　别	收缩压	舒张压
正常血压	＜120	＜80
正常高值	120～139	80～89
高血压	≥140	≥90
1 级高血压（轻度）	140～159	90～99
2 级高血压（中度）	160～179	100～109
3 级高血压（重度）	≥180	≥110
ISH	≥140	＜90

注：ISH 为单纯收缩期高血压。若患者的收缩压和舒张压分属不同的级别时，则以较高的为准；ISH 也可以根据收缩压的高低分为 1 级、2 级、3 级。

(三) 糖尿病的诊断

糖尿病的诊断是一件十分严肃的事，必须依靠专业医生的科学检查做出慎重判断。因为有的疾病也可引起血糖升高，因血糖升高就诊断为糖尿病而掩盖了身体的其他疾病是很危险的。这也是对疑似糖尿病患者进行糖耐量试验的原因之一。此外,还要对糖尿病进行分型(Ⅰ型或Ⅱ型)诊断,并排除各种继发性糖尿病的可能,这些都得在具备丰富经验的专业医生指导下完成,误诊会延误病情,甚至导致无法挽回的严重后果。

1. 糖尿病的诊断标准

(1) 两次空腹血糖在 7.0 mmol/L 以上。

(2) 两次以上测餐后血糖大于或等于 11.11 mmol/L。

(3) 如果空腹和餐后血糖达不到上述标准,空腹血糖处在 5.6~6.9 mmol/L,餐后 2 小时血糖在 7.8~11.0 mmol/L 时,则在空腹时服 75 克葡萄糖水后 2 小时再测血糖,其血糖值大于或等于 11.1 mmol/L。

符合以上三条中的任何一条,都可以诊断为糖尿病。但护理人员必须要认识到,糖尿病的诊断不能简单地用尿糖来确定,虽然糖尿病患者经常有尿糖阳性,但由于影响尿糖的因素很多,所以尿糖阳性不等于就是糖尿病,同样尿糖阴性也不能否定不是糖尿病的诊断。尽管尿糖阳性时,提示糖尿病的可能性较大,但这一切都要通过测静脉血糖予以证实。

2. 糖尿病伴随的靶器官损害

糖尿病伴随的靶器官损害包括以下几个方面。

(1) 肝脏疾病。肝硬化患者常有糖代谢异常,典型者空腹血糖正常或偏低,餐后血糖迅速上升。病程长者空腹血糖也可升高。

(2) 慢性肾功能不全。可出现轻度糖代谢异常。

(3) 应激状态。许多应激状态如心、脑血管意外、急性感染、创伤、外科手术都可能导致血糖一过性升高,应激因素消除后 1~2 周可恢复。

(4) 多种内分泌疾病。如肢端肥大症、库欣综合征、甲亢、嗜铬细胞瘤、胰升糖素瘤可引起继发性糖尿病,除血糖升高外,尚有其他特征性表现,不难鉴别。

(四) 睡眠障碍的诊断

睡眠障碍的诊断标准,首先是对睡眠时间的长短、睡眠过程中惊醒次数以及睡眠过程中有无困倦、早醒、多梦情况的评估。其次是对睡眠质量的评估。一般的衡量标准如下。

(1) 生物学测定,如多导睡眠图(睡眠脑电图)。

(2) 量表诊断,如匹兹堡睡眠质量指数量表(PSQI)(详见附录 4)、St. Mary's 医院睡眠问卷(SMH)、Epworth 嗜睡量表(ESS)、《国际睡眠障碍分类指南(ICSD)》。

(3) 多项睡眠潜伏期测试(MSLT),即通过让患者白天进行一系列的小睡来客观判断其白天嗜睡程度的一种检查方法,每 2 小时测试 1 次,每次小睡持续 30 分钟,计算患者入睡的平均潜伏时间及异常 REM 睡眠出现的次数,睡眠潜伏时间<5 分钟者为嗜睡,5~10 分钟者为可疑嗜睡,>10 分钟者为正常。

1. 失眠症的诊断

失眠是睡眠质量持续性地在相当长时间内处于令人不满意的一种状态。世界卫生组织对睡眠质量的评价标准是:30 分钟入睡;睡眠深沉,呼吸深长无打鼾,夜间不易惊醒;起床少,无夜惊现象,醒后很快忘记梦境;早晨起床后精神好;白天头脑清醒,工作效率高,不困乏。在此基础之上,对失眠症的诊断标准如下。

(1) 一般标准:几乎以失眠为唯一的症状,包括难以入睡、睡眠不深、多梦、早醒、醒后不适感、疲乏、白天困倦等。

(2) 严重标准:对睡眠数量、质量的不满引起明显的苦恼或社会功能受损。

(3) 病程标准:至少每周发生3次,并至少已有1个月。

(4) 排除标准:排除躯体疾病或精神障碍症状导致的继发性失眠。

心理护理人员需注意的是,诊断失眠要特别注意长期失眠者有焦虑、抑郁或强迫症状;失眠是其他精神障碍和躯体障碍常见的伴随症状,如抑郁症、神经症、器质性精神障碍、进食障碍、精神活性物质所致精神障碍、分裂症等。同时还应注意到一过性失眠问题是否为急性应激障碍、适应障碍,若症状达不到严重标准,则应诊断为失眠亚健康状态。

2. 嗜睡症的诊断

嗜睡症分为伴长时睡眠型和不伴长时睡眠型两型。伴长时睡眠型表现为夜间睡眠多于10小时,白天嗜睡无精神恢复(即睡眠酩酊状态①);不伴长时睡眠型表现为夜间睡眠少于10小时,白天嗜睡无睡眠酩酊状态。嗜睡症的诊断标准如下。

(1) 一般标准:白天睡眠过多或睡眠发作,不存在睡眠时间不足,不存在从唤醒到完全清醒的时间延长或睡眠中呼吸暂停,无发作性睡病附加症状(如猝倒、睡眠瘫痪、入睡前幻觉、醒前幻觉)。

(2) 严重标准:明显痛苦或影响社会功能。

(3) 病程标准:几乎每天发生,至少已有1个月。

(4) 排除标准:不是由于睡眠不足、药物、酒精、躯体疾病、某种精神障碍的症状组成部分。

3. 睡眠—觉醒节律障碍的诊断

睡眠—觉醒节律障碍的个体睡眠—觉醒节律与环境所允许的睡眠—觉醒节律之间不同步,导致患者主诉失眠或嗜睡。其诊断标准如下。

(1) 一般标准:病人的睡眠—觉醒节律与其所在环境的社会要求和大多数人遵循的节律不相符,病人在主要的睡眠时段失眠,而在应该清醒的时段出现嗜睡。

(2) 严重标准:明显感到苦恼或社会功能受损。

(3) 病程标准:几乎每天发生,并至少已有1个月。

(4) 排除标准:排除躯体疾病或精神障碍(如抑郁症)导致的继发性睡眠—觉醒节律障碍。

---

① 睡眠酩酊状态:是一种从睡眠中醒来时的异常现象,病人醒过来后头脑依然昏沉,虽然行为动作已经进入觉醒状态,但其认知功能仍未完全清醒。

专栏 5-5

失眠的戚老伯

戚老伯 65 岁,因"睡眠差 2 年余,加重,伴头昏 1 个月"入院。戚老伯 5 年前退休,老伴儿去世,一对儿女在外地工作。退休后戚老伯觉得时间过得非常慢,整日无所事事。特别是近两年,一向健康的他开始出现失眠、焦虑、疲劳、头昏等症状。医生发现,这些毛病与他独自一人生活有关系,各种环境变化(退休、丧偶、患病、无人照料等)和戚老伯体力、精力下降,造成了老人产生孤独感、焦虑及抑郁。

二、老年人常见心身疾病的心理护理与预防

对老年人心身疾病的心理护理在疾病诊治中具有不可低估的作用,需以老年患者为中心,对其身体和心理进行整体护理,从建立良好的专业关系着手,在准确把握心身疾病特点的基础上,运用心理护理技术,加强对老年患者的心理社会支持,缓解其心理应激水平,充分调动老年患者的自我动力等,以减轻其症状,缩短治疗疗程,提升其生命质量和治愈率。

(一)心身疾病心理护理的基本原则

在对心身疾病施以治疗手段时,应注意心理护理工作与医疗之间的相互配合,即在对老年患者进行医学治疗和躯体护理的同时,有效地进行心理护理干预,使老年患者在最佳的心理状态下主动地接受治疗。心身疾病的心理护理工作应遵循以下基本原则。[①]

1. 整体性原则

从心身疾病的致病原因可以发现,心理因素和躯体疾病两者之间相互作用、相互转化,因此在为老年患者提供护理服务时,要从心理和身体的整体来进行考虑,使心理护理与躯体护理有机结合。一方面通过心理护理缓解老年患者的躯体症状,也通过躯体护理降低其心理应激;另一方面则在两者互为依据、互为因果的基础上,使心身整体向良性循环发展,直至疾病治愈。

2. 个别化护理原则

由于每个人的先天素质不同,后天所经历的生活和教育环境、个人经验和主观能动性也不同,使得老年人心理活动存在个体差异。另外,由于文化水平、社会角色、社会经历以及对疾病和治疗态度的差异,也会导致不同个性特征的老年患者对躯体病状的承受能力、反应方式、行为表现等各不相同。因此,面对老年患者时,护理人员要准确地把握老年患者个体间的差异,尊重个体需求,有目的、高效地为他们提供个性化的心理护理服务。

---

① 庞咏梅. 老年人心身疾病的心理护理[A]. 中华护理学会全国第 12 届老年护理学术交流暨专题讲座会议论文集[C]. 2009-06-12.

3. 重视家庭支持资源

躯体疾病会让老年患者产生紧张、焦虑、不安等心理反应,这些心理反应一方面来自对疾病本身的担心,另一方面则来自家庭经济、人力等方面的压力。过度的心理反应往往会破坏老年患者机能平衡,进而影响疾病的治疗进程。因此,护理人员应重视对老年患者心理状态的观察和认识,根据其心理反应来了解其家庭对老年患者的支持状况,通过采用间接治疗方法,与其家庭成员进行沟通,并给予适当的指导,使家庭成员参与到对老年患者的心理护理过程中,以减轻老年患者的心理压力。

专栏 5-6

帮子女带孩子,老两口分居致心身疾病

张奶奶和老伴儿因为分别帮女儿和儿子带孩子,长期分居两地,只有暑假和过年时才能聚一聚。张奶奶有心脏病,特别盼望老伴儿在身边。近来因外孙小升初考试,她不能带孩子去山东和老伴儿相聚,心里着急,睡眠越来越差,吃安眠药仍睡不着。她每天把自己关在房间里不和人说话,焦虑抑郁情绪特别明显。医生告诉张奶奶的家人:老人长期失眠会导致焦虑和抑郁情绪;再加上老人和老伴儿分隔两地、与子女之间的矛盾和纠纷,更容易抑郁。

(二)心身疾病的心理护理方法

对老年人心身疾病的心理护理主要围绕以下三个目标展开:① 消除心理社会刺激因素;② 消除心理学病因,转化心身疾病的心理病理过程,使之向健康方面发展;③ 消除生物学症状。就具体的心理护理内容来说,主要包括以下几个方面。

1. 建立专业的护理关系

专业护理关系的建立决定了老年患者与护理人员之间是否能形成接纳与信任关系,是心理护理成功与否的重要基础,影响着老年患者配合治疗的动力和信心,是帮助老年患者康复的重要环节。因此,护理人员应掌握科学的精神卫生和整体心身健康观念,积极促进信任、和谐的护理关系的建立,专注聆听老年患者的困扰,从神态、语调、行为互动上满足其心理需求,并注意运用简洁明了的语句表达自己;此外还应将尊重、责任、耐心、冷静等专业素养融入对老年患者的每一次护理服务过程,为老年患者创造心身健康的良好环境。

2. 运用支持性心理护理技术①

良好的心理支持可以调整老年患者的机能平衡,增强其免疫系统功能,利于身体疾病的正向发展。支持性心理护理技术是指护理人员应用心理学理

---

① 张蓉,宋富强,汤霄,田丽娟,郭文琼. 心身疾病的心理护理方法[J]. 全科护理,2015(352):593-594.

与技术为老年患者提供精神支持的心理治疗方法,帮助和指导老年患者分析当前所面临的问题,激发老年患者最大的潜能和自身的优势,达到正确面对各种困难或心理压力的目的。支持性心理护理技术实施的重点是协助老年患者获得心理支持资源,包括物质的、生理的、心理和社会资源等,从而使老年患者的心理活动和意识、认识、情感和思维发生积极改变,提高其信心和勇气,克服心理障碍,配合治疗,更好地战胜疾病。

3. 认知、情绪治疗技术的运用①

在对心身疾病老年患者的心理护理过程中,护理人员应指导其进行积极的自我心理建设:① 帮助老年患者建立积极的社会支持关系网络,创造能表达情绪的环境;② 使老年患者发展积极的自我认知,从所处的情境中去体验积极的感受,如幸福感、愉悦感、对生活充满热情和渴望等;③ 使老年患者学会有效地解决问题的方法,学会面对问题时不畏惧、不焦虑、不回避并理性应对,积极寻找解决方法;④ 促进老年患者的认知重建,通过给予尊重、温暖、共情、关心等,调动老年患者的心理能动性,帮助其接受疾病的事实,鼓励其参与治疗过程,引导其建立积极的适应性行为方式,以提高其自尊与自信心,提升恢复健康的希望,积极配合治疗。

4. 缓解心理应激源②

社会环境、生活事件和心理状态等各种应激源均可以诱发或加重老年人心身疾病。心理护理的目的就是针对社会环境、生活事件及病人的消极心理状态等心理应激源采取有针对性的措施,打破"应激源—病情加重—负性情绪—病情恶化"的恶性循环。因此,在心理护理过程中,护理人员应运用观察法和心理评估量表等手段,对老年患者的心理状态进行评估和分析,及时发现社会—心理应激因素对老年患者心身疾病的影响,运用科学的心理护理方法和相应的心理护理技术缓解老年患者的心理压力,稳定其情绪,从而减少应激源对老年患者的影响,巩固心身疾病治疗的效果。

(三) 不同老年心身疾病的心理护理方法

1. 原发性高血压

原发性高血压的老年患者有病程长、见效慢、多反复发作的特点,由于长期受疾病的折磨,老年患者会出现情绪波动大、身心疲惫、血压波动增高等症状,多数老年患者存在焦虑、紧张、恐惧、抑郁的心理。因此,护理人员要做好心理疏导,引导老年患者调节情绪、变换心境,安慰鼓励老年患者,使之建立信心,同时要取得家庭和社会的配合,这样对治疗产生一定的"正效应"作用。具体包括:

(1) 建立良好的专业关系,在理解病情的基础上,有计划、有步骤、由浅入深、由表及里地掌握老年患者的心理状态,给老年患者以直接性的心理支持。

(2) 帮助老年患者稳定情绪,指导其建立健全的个性,学会自我调节情绪、保持心理平衡、改善生活模式的方法。

---

① 王学碧,段亚平,罗永红. 心身疾病患者的心理护理[J]. 贵阳中医学院学报,2007(5):57-58.
② 张蓉,宋富强,汤霄,田丽娟,郭文琼. 心身疾病的心理护理方法[J]. 全科护理,2015(352):593-594.

（3）协助老年患者了解为其所提供的具体医疗措施和心理治疗方案，减轻其恐惧和心理焦虑，保持其心理平衡。

2. 糖尿病

糖尿病是一种慢性综合性疾病，多数患者认为糖尿病是终身疾病，是不治之症，由此引发巨大的心理和精神压力，导致心理代偿暂时处于失调状态，使已有的糖尿病病情恶化。因此，护理人员对老年患者提供支持性心理护理十分重要。只有充分调动老年患者的主观能动性，引导其保持良好心态和情绪，使其积极主动地参与疾病的干预与管理，才有可能取得良好的治疗效果。具体包括：

（1）帮助老年患者消除紧张压抑的情绪，积极地倾听其所传达的信息并理解他的感受，鼓励老年患者参与让其心情愉悦的活动；指导老年患者家属增加与其相处时间以及互动的方式，使老年患者在治疗过程中始终感受到支持与乐趣，从而摆脱因过度担忧病情带来的心理压力。

（2）协助老年患者消除焦虑、恐惧心理，帮助老年患者正确认识糖尿病病症，了解医学治疗和心理护理与恢复健康之间的关系，向老年患者讲清楚治疗过程中可能遇到的问题，并及时提出对这些问题的一般处理措施。当治疗取得进展时要给予肯定，使老年患者树立信心。护理人员应取得老年患者的信任和积极配合，为治疗疾病和恢复健康创造有利的条件。

3. 睡眠障碍

睡眠障碍是目前临床较为常见的病症之一，它可能伴随在相关疾病之中，也可能独立发生。其发病原因除与患者自身疾病有关外，也可能由心理、情绪、环境等所致。老年人由于病理生理的变化，对社会生活的适应能力减退，容易产生孤独或不安的心理。除常规护理外，更要以生物—心理—社会医学模式为指导，对睡眠障碍老年患者进行心理护理。具体包括：

（1）耐心倾听老年患者对自己病情和心理的描述，运用沟通、共情等，针对问题的症结，进行个体化护理。

（2）通过给予老年患者心理暗示、情感支持、心理疏导等，帮助其解除抑郁、焦虑、恐惧等情绪，使他们有安全感，及时解决存在的问题。

（3）指导老年患者家庭成员主动参与提高老年患者睡眠质量的工作，妥善处理引起老年患者不良心理的各种事件，争取家庭、朋友的支持及密切配合。①

（四）心身疾病的预防

个体生理因素、个性特征与行为方式、社会心理刺激是心身疾病的重要致病因素。社会与家庭支持不足、人际关系障碍等，都会对躯体疾病的发生、发展产生不利影响。因而心身疾病的预防应同时兼顾心、身两个方面。

1. 培养良好的个性

个体个性的形成取决于先天和后天两个方面的因素。先天因素是个性形成的物质基础和载体，主要指遗传因素和生理素质；后天因素是个性形成的决定性因素，包括个人经历、家庭环境、学校教育、社会制度、文化传统、生产关系、

---

① 刘春兰.睡眠障碍的临床心理护理[J].新疆中医药，2005(23)：24.

政治条件等。虽然个体的个性在3—5岁时就开始形成,在青春期中后期逐渐成熟,个体早年的经历对其个性的形成有很大影响,几乎可以决定其一生,但是一个人到了晚年,依然可以培养良好的个性,从而有效预防心身疾病的形成。①

2. 矫正不健康的生活方式

不健康的生活方式,如吸烟、酗酒、不良的饮食习惯、生活没有规律等,会使心身疾病的发病明显增多,因此对老年患者需要采取心理、社会干预措施,指导其保持平和、乐观的心态,戒怒慎思,心情愉快,并改善不健康的生活方式,重视运动健身等。这对预防、治疗心身疾病意义重大。

3. 增强应对能力

要指导老年患者树立正确的世界观、人生观、价值观,丰富自己的生活阅历,学会正确认识挫折、困境和社会不合理现象,培养乐观豁达的人生态度,提高社会忍耐力,掌握应对心理刺激的技巧,如自我安慰、自我摆脱、注意力转移、向他人倾诉等。②

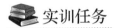

实训任务

失眠老年人心理护理

1. 训练目的

(1) 熟悉老年人睡眠障碍的类型及形成的原因。

(2) 熟悉老年人失眠问题的评估与诊断方法。

(3) 了解"生活事件量表(LES)""匹兹堡睡眠质量指数量表(PSQI)"的使用方法。

(4) 掌握失眠老年人的心理护理措施。

2. 训练准备

(1) 环境准备。养老院;环境安静、整洁,光源可调节、通风良好的心理护理实训室。

(2) 用具准备。可播放松弛音乐和指令,进行示范和模仿的简单音响设备;舒适的躺椅及可活动的桌椅等。

(3) 学生准备。熟悉本模块相关知识点。

3. 操作示范

通过视频播放或教师演示的方式,示范对失眠老年人评估、诊断及心理护理:

(1) 失眠老年人的评估内容与诊断依据。

(2) 失眠老年人的心理护理方法

4. 学生练习

(1) 将学生分为5人一组,深入养老院观察失眠老年人个案。

(2) 对所观察失眠老年人个案做出评估、诊断及服务计划设计。

---

① 许丽遐.心身疾病的心理学病因及其预防[J].石家庄职业技术学院学报,2010(10):53-55.

② 同①。

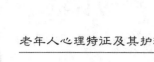

(3) 通过角色扮演展示对失眠老年人的心理护理服务。

5. 效果评价

(1) 学习态度。是否以认真的态度对待训练？

(2) 技能掌握。是否能将所学的理论知识与实训有机结合，有计划、步骤清楚、过程完整地完成实训？

(3) 职业情感。是否理解老年人心理护理工作的意义？

(4) 团队精神。在实训过程中，小组成员是否团结协作，积极参与，提出建议？

思考题

1. 简述老年人心身疾病的特点。
2. 简述影响老年人心身疾病的心理与社会因素。
3. 如何做好老年人心身疾病的家庭预防？

模块六
老年人临终关怀与心理护理

学习目标

1. 了解临终关怀的内容、意义及基本原则。
2. 了解临终老人的心理特点。
3. 掌握对临终老人的心理护理方法。
4. 掌握对临终老人亲属的哀伤辅导技术。

- ◆ 任务一　掌握对临终老人的心理护理方法
- ◆ 任务二　掌握对临终老人亲属的心理支持与哀伤辅导方法

情境导入

无助的李爷爷

李爷爷,73岁,患高血压30余年,肺癌晚期,2个月前因脑出血再次入院治疗。经治疗后病情得到缓解,目前意识恢复,但是左侧偏瘫,伴有胸痛、咳嗽和咳血痰、呼吸困难等,生活不能自理。想到自己成为家庭的累赘,李爷爷饱受折磨,极度痛苦,愧疚不安,日不能食,夜不能寐,焦虑、抑郁情绪日益严重。

虽然家人都劝导他,但是,李爷爷仍然无法面对生死,惊慌失措。

问题讨论:

1. 分析李爷爷的心理反应特征。
2. 护理人员应采取哪些措施帮助李爷爷安详地走完人生的最后旅程?

任务一 掌握对临终老人的心理护理方法

临终是老年人生命中最后一个阶段,这一阶段的老人身体、心理状况都会发生一些转变。临终关怀是实现人生临终尊严的一种重要方式,是医学人道主义精神的具体体现,是贯穿生命末端全程的、立体式的卫生服务项目。与医学上的治疗方法不同,临终关怀是在临终老人即将离开人世的那段时间里,由医生、护理人员、心理医生、社会工作者和志愿者等多方人员组成的团队,为临终老人提供生理、心理以及社会等方面的全面照顾,使他们的症状能够得到控制和缓解,继而提高他们的生命质量,尽量让他们没有痛苦地、安宁舒适地度过人生最后的一段时光;同时也对临终老人的亲属提供疏导和安慰,使他们以健康的方式来应对和适应亲人的死亡,以早日从悲伤中走出来。临终关怀作为一种社会文化现象,越来越被社会认可和重视,享受临终关怀也是人的一项基本权利。

一、临终关怀服务

(一)临终关怀的含义与内容

死亡是生命运动发展过程的必然归宿,随着社会的发展和人们对生存质量的关注,越来越多的人愿意接受临终关怀这种完整照顾的特殊服务。

1. 临终关怀的含义

临终关怀(hospice care)又称善终服务、安宁照顾、终末护理等,是指对临终患者及其亲属提供包括生理、心理、社会等全面的医疗与护理照顾,满足临终患者的身心需要,使其能够舒适、安详、有尊严地度过人生的最后时期。为处于生命末期的老年人提供临终关怀服务,其目的是:① 帮助临终老人了解死亡,进而接纳死亡的事实,使自己活得更像真正的自己,提高生存质量,维护人的尊严。② 给予临终老人的亲属精神支持,给予他们承受所有事实的力

量,进而坦然地接受亲人即将离去的问题。因此,临终关怀并非简单的看护服务,而是以临终老人的生理、心理需求为基础,减少临终老人的痛苦,为临终老人提供全面照顾,提高临终老人的生存质量及减轻其亲属精神压力的一个专业服务领域。①

2. 临终关怀的内容

围绕临终老人提供的关怀服务包括以下内容。

(1) 以照料为中心。临终关怀是针对各种疾病晚期、治疗不再生效、生命即将结束者进行的照护,一般在死亡前3~6个月实施。临终关怀不是通过治疗疾病使临终老人免于死亡,而是通过对其全面的身心照料,提供临终前适度的姑息性治疗,以舒适为目的的治疗,控制症状,减轻痛苦,消除焦虑、恐惧,获得心理、社会支持,使其得到最后的安宁。因此,临终关怀是从以治愈为主的治疗转变为以对症为主的照料。

(2) 维护人的尊严。临终老人尽管处于生命的末期,但个人尊严不应该因生命活力的降低而递减,个人权利也不可因身体衰竭而被剥夺,只要未进入昏迷阶段,仍具有思想和感情,护理人员应维护和支持其个人权利,在临终照料中应允许老年人保留原有的生活方式,尽量满足其合理要求,使临终老人在人生的最后历程同样得到热情的照顾和关怀,获得生命的价值、生存的意义和尊严。尊重生命的尊严及尊重濒死病人的权利充分体现了临终关怀的宗旨。

(3) 提高临终生活质量。临终关怀不以延长临终老人的生存时间为目的,而以提高临终阶段的生存质量为核心。有些人片面地认为临终就是等待死亡,生活已没有价值,这一态度会影响临终老人,让他们也变得情绪消沉,对周围的一切失去兴趣。一些护理人员、亲属等也持有相同的态度,并在这一态度的影响下表现出对临终老人态度冷漠、语言生硬等。临终也是生活,是一种特殊类型的生活,所以正确认识和尊重临终老人最后生活的价值,提高其生活质量是对临终老人最有效的服务。对濒死老人的生命质量照料是临终关怀的重要环节,临终关怀能够减轻其痛苦,使其生命品质得到提高,给临终老人提供一个安适的、有意义的、有希望的生活,在控制病痛的前提下,使老人与家人共度温暖时光,在人生的最后阶段能够体验到人间的温情。

(4) 共同面对死亡。有生便有死,死亡和出生一样是客观世界的自然规律,是不可违背的,是每个人都要经历的事实,正是死亡才使生存显得有意义。死赋予生以意义,死是一个人的最终决断。所以,要珍惜生命、珍惜时间,要迎接挑战,勇敢面对。

(二) 临终关怀的意义与原则

1. 临终关怀的意义

(1) 追求高生命质量。随着社会文明的进步,人们对生存质量和死亡质量提出了更高的要求,认为在生命最后的日子里,生存的质量比生存的时间更加

---

① 施永兴. 临终关怀学概论[M]. 上海:复旦大学出版社,2015:3.

重要。临终关怀从优化生命质量出发,满足临终老人的生理需要和心理需求,使其在充满温情的氛围中,平静地接受死亡;能够缓解心理上的恐惧、维护尊严,提高生命质量,安详、安静、无痛苦且有尊严地离开人世;同时也能减轻亲属在亲人临终阶段以及亲人死亡带来的精神痛苦,帮助他们接受亲人死亡的现实,顺利度过居丧期,尽快适应失去亲人的生活,缩短悲伤过程,使亲属的权利和尊严得到保护,获得情感支持,保持身心健康。

(2)社会文明的标志。临终关怀能反映人类文化的时代水平,将家庭成员的工作转移到社会。社会化的临终老人照顾,是非物质文化中的信仰、价值观、伦理道德、审美意识、宗教、风俗习惯、社会风气等的集中表现。因此,临终关怀不仅是社会发展与人口老龄化的需要,更是从优生到优死的发展,也是人类文明进步和发展的重要标志。[①]

2. 临终关怀的原则

(1)舒缓疗护为主的原则。当老人处于不可逆转的临终状态时,健康和疾病交织的人生过程中,一般观念所强调的"治疗"已失去了意义,因为任何的"治疗"都不会起到使老人好转或痊愈的作用。所以,对老人临终阶段的一切处置,我们称之为临终"舒缓疗护"。对临终老人的疗护,本着舒缓疗护的原则,不以延长临终老人的生命为目标,而以对老人的全面照护为宗旨,提高老人临终阶段的生命质量。通过舒缓疗护,老人的疼痛等临终症状得以缓和与改善,从而获得舒适安宁的状态。

(2)适度治疗原则。对临终老人的护理包括三个方面:尽量保存生命或延长生存时间;解除临终阶段的心身痛苦;无痛苦的死亡状态。临终关怀的理念认为,既然临终老人维持生命无望,因此在对临终老人的疾病症状进行控制时,一般不以延长其生存时间为主,而以解除或减少其痛苦、提高其临终阶段的生命质量为宗旨。

(3)全方位照护的原则。全方位照护主要包括对临终老人的生理、心理和社会等方面的全面照护与关心,以及老人离世后为其亲属提供24小时全天候居丧照护服务等。既照顾临终老人,又关心其亲属;既为临终老人提供服务,又在老人离世后提供丧葬服务等。

(4)人道主义原则。在为临终老人提供临终关怀服务时,护理人员应给予临终老人更多的关心、支持与理解。护理人员应认识到尊重老年人的权利与尊严既包括尊重他们选择安乐活的权利,也包括尊重他们选择死亡时相对舒适状态的权利。护理人员应尽可能地了解及满足临终老人的需要,特别是控制疼痛及其他临终症状,尽可能地使临终老人处于舒适的状态,同时应用相应的心理照护方法和技术,给予临终老人心理上的支持,帮助其摆脱对死亡的恐惧,认识生命的价值及其弥留之际生存的社会意义,使临终老人在有限的时光内,安详、舒适地度过人生的最后阶段。

[①] 周逸萍,单芳.临终关怀[M].北京:科学出版社,2018:12.

(三)临终关怀服务机构的组织形式与基本服务项目

1. 临终关怀服务机构的组织形式

当前,世界范围内临终关怀服务机构的组织形式呈现多样化、本土化的特点。在我国,临终关怀服务机构的组织形式有以下几种。

(1)临终关怀医院。临终关怀医院配备了医疗、护理设备和娱乐设施、家庭化的危重病房等,由具有临终关怀陪护资格的专业人员为临终老人提供临终服务,如北京松堂关怀医院、香港白普里宁养中心、上海浦东新区老年医院等。

舒缓疗护中心的故事

赵老太体检时查出是胰腺癌晚期,错过了最佳手术和放化疗时机。李先生没有向母亲隐瞒实情,他陪着母亲到医院接受治疗。老人家不仅要经受放射检查的辐射,还要承受喝了药剂的不良反应,但是病情仍然在加重。饱受治疗之痛的两个月后,母子俩选择不再做创伤性的治疗,转至安宁疗护中心,在这里,赵老太得到了全面照护,缓解了疼痛,获得了舒适,得到了舒缓疗护,有质量地度过生命最后的时光。

(2)临终关怀病房或病区。临终关怀病房或病区属于非独立性临终关怀机构,是指在医院、养老院、护理院、社区卫生保健中心等机构中设置的"临终关怀病区""临终关怀病房""临终关怀单元"或"附属临终关怀院"等,如四川大学华西第四医院姑息医学科安宁疗护中心。

(3)居家照护。居家照护是临终关怀基本服务方式之一,为不愿意离开自己家的临终老人提供临终关怀服务。专业的护理人员根据临终老人的病情每日或每周进行访视,指导临终老人的亲属实施基本的日常照料,使他们能感受到亲人的关心和体贴,从而减轻生理上和心理上的痛苦,最后安宁舒适地离去。

除以上三种形式外,还有具有临终关怀性质的癌症病人俱乐部,以群众性自发组织的形式,将癌症患者组织起来,促进癌症病人互相关怀、互相帮助和互相支持,度过生命的最后阶段。

2. 临终关怀服务机构的基本服务项目

在临终关怀比较发达的国家和地区,临终关怀服务机构必须有临终关怀执照和许可证。相关部门在颁发证书前需要验证临终关怀服务机构的基本服务项目,即核心服务的能力是否符合条件。临终关怀服务机构的基本服务项目包括以下几种类型。①

(1)姑息性医疗照护。专业的临终关怀服务机构拥有专业技术人员和设备,能够有效地控制和缓解临终老人的疼痛、吞咽困难及便秘等不适症状,能够为临终老人提供常规的姑息性医疗照护,以满足临终老人的不同需要。

---

① 程玉莲,余安汇. 护理学基础[M]. 北京:人民卫生出版社,2016:518-519.

(2)临终护理。临终护理是指采用姑息护理、心理护理及社会支持等理论和技术,由经过专门培训的专业医生和护理人员,为临终老人及其亲属提供全面的照护,从而达到让临终老人及其亲属接纳死亡并提高老年人临终阶段的生命质量的最终目标。

(3)临终心理咨询和辅导。临终关怀服务机构的基本服务项目包括对临终老人和亲属提供临终的心理咨询和辅导,对其进行心理和精神上的关怀和支持。

(4)临终关怀社会服务。临终关怀社会服务又称临终社会支持,是临终关怀机构的基本职能之一,包括向临终老人和亲属提供社会支持。例如,在临终老人接受照护过程中向其提供所需要的各种社会支持;在临终老人离世一年内向其亲属提供居丧照护服务。

专栏 6-2

姑息治疗

姑息治疗又称舒缓治疗。依据世界卫生组织的定义,舒缓治疗是指为无治疗希望的终末期病人提供积极的、人性化的服务,主要通过控制疼痛、缓解病人身心方面的不适症状和提供心理、社会和心灵上的支持,为病人和亲属赢得尽可能好的生活质量。舒缓治疗体现了人类对生命的尊重和珍惜,让人生的最后一段旅途过得舒适、有尊严和少痛苦。舒缓治疗是临终关怀服务中主要的治疗手段,也可用于长期照护等医疗卫生服务模式中。

二、临终老人的心理

当个体接近死亡时,心理反应是十分复杂的,尽管老年人面对的是多种老年期的变化和疾病的折磨,但是面对死亡时会有一些共同的心理特点。

(一)临终老人的心理需求与心理特点

1. 临终老人的心理需求

在临终阶段,老年人除了生理上的痛苦之外,更大的挑战是需要面对死亡。一些临终关怀专家认为"人在临死前精神上的痛苦大于肉体上的痛苦"。因此,在接近死亡时,临终老人对待生死的问题往往具有非常矛盾的心理,一方面要求加速死亡,另一方面表现出强烈的求生欲望。所以,我们一定要在控制和减少临终老人机体痛苦的同时,做好其心理关怀。一般来说,濒临死亡的老年人,其需求可分为三种:一是保存生命,延长生存时间;二是解除痛苦,提高生存质量;三是得到安慰,安详地死去。当死亡不可避免时,老年人最大的需求就是安宁、避免骚扰,亲属耐心的陪伴、精神安慰和寄托。如果有特殊需求,如写遗嘱、见见最想见的人等,亲属或照护者一定要尽力满足,使其无遗憾地度过人生最后的时刻。[①]

---

① 陈露晓.老年人的生死心理教育[M].北京:中国社会出版社,2009:85.

2. 临终老人的心理特点

临终老人的心理特点主要表现在以下几个方面。

（1）求生心理。随着社会的进步与经济的发展，人口平均寿命不断延长，经济和家庭稳定，因此大多数老年人随着年龄的增长，求生心理越强，越希望能安享晚年。得知自己将不久于人世，无论对谁都是巨大的打击，每个人都有求生的欲望，因此有些病情较重的老年人常常惊恐不安，不时发出呻吟和呼救，他们把希望寄托在医护人员的同情和支持上，期望得到应有的救治和护理。当老年人看到医护人员以实际行动向其期望的方向努力时，老年人便能用顽强的意志和病魔作斗争，忍受着病痛的折磨和诊治带来的痛苦，寻找各种治疗方法以赢得生存时间。

（2）绝望心理。由于身心日益衰竭，给老年人带来了精神和肉体上的双重折磨，使得临终老人往往感到求生不能，求死不得，表现出以绝望为主的心理特点。有的老年人会将这种绝望感转化为愤怒，随着时间的推移，这种愤怒逐渐转为悲伤、抑郁，以及老年人对自身存在的价值的怀疑和绝望，并在行为上表现为对治疗和护理的不合作、自我伤害等。另外，处于绝望心理状态的临终老人自我意识非常强，但对自己的病情又无法接受，特别是在治疗一段时间仍不见好转后，身体的病痛可能使他们在心理上产生受威胁感，进而出现对身边人的攻击性行为，尤其是向亲人毫无理智的发泄。[①]

临终老人的攻击行为

王奶奶今年65岁，"乳腺癌根治术后"10年，由于乳腺癌复发已经肺转移和骨转移，5次化疗后，老人因为后两次副作用太大，身体实在吃不消，出现胸腔积液、双下肢和手指麻木，吃不下饭，走不动路，她决定放弃化疗。近几天，王奶奶脾气暴躁，乱发脾气，乱骂家人，拒绝治疗，拒绝服药，甚至有一天晚上开了煤气，准备自杀。对这类临终老人，医护人员和照护者应本着救死扶伤的人道主义精神，既要安慰亲属，又要对王奶奶进行临终关怀，使王奶奶顺利度过人生的最后旅程。

思考：试分析王奶奶的生理和心理状况，并给出心理护理建议。

（3）恐惧心理。老年人对人生充满无限留恋，期望能更长时间地享受天伦之乐，看到儿女成家立业、兴旺发达。面对死亡，一方面临终老人的恐惧常常比想象中更强烈，往往表现为不惜一切代价，寻找起死回生的药方；但另一方面，来自身体和心理方面的压力，如疾病、生理机能衰退所带来的无法承受的身体痛苦，由于经济困难或担心增加子女的负担而产生的心理和精神压力等，也会

---

① 余运英.老年心理护理［M］.北京：机械工业出版社，2017：160.

让老人陷入被抛弃和身处悲惨处境的恐惧心理。从进化心理学角度看,人类对未知事物始终保持恐惧,这是一种保护自己的手段,但过度恐惧却会造成心理危机。此外,死亡意味着和亲人的诀别,临终老人害怕死亡将他和亲人分隔。死亡带来的孤寂感,也是让人害怕死亡的原因。

(4)由无奈转为积极对待。有些临终老人在意识到死亡即将来临时,会选择接受即将死亡的事实,他们能客观地认识人的自然属性和社会属性的终极走向,能做到逐步从自然属性认识死亡,也能体会到意志对死亡的作用,自我释意人生价值与意义。在临终老人能理性地认识并平静地接受走向生命终点的现实后,便会转而以积极的心态面对当前的一切,通过维系积极的心理状态、保持良好的情绪、乐观的态度和充足的信心来应对身体病痛,或是通过投身于其他事情,转移对病痛引发的不良心理的注意力等方法,获得对生命的满足感。

乐观的王爷爷

85岁的王爷爷患原发性高血压已有15年,患糖尿病30年。尽管疾病带给王爷爷许多生理痛苦,但王爷爷依然保持乐观的心态,能正确对待自己的病情。在养老院的读书室中经常能看到王爷爷的身影,王爷爷还喜欢找医护人员谈心,聊聊自己年轻时的往事,介绍自己的养花心得,交流自己的病情,还把自己总结应对病情的经验介绍给养老院的其他老人,鼓励其他老人保持乐观情绪配合治疗。3个月前王爷爷病故,他的故事被养老院的老人和医护人员口口相传。

(5)忧虑后事心理。大多数处于生命末期的老年人倾向于一个人思考死亡问题,虽然临终老人明白"人生自古谁无死"的道理,但是都很难做到平静地谈论和对待死亡。他们比较关心死后的遗体处理:土葬还是火葬,是否被用于尸体解剖和器官捐献移植。有的老年人还会考虑家庭安排、财产分配,担心配偶的生活,担心子女儿孙的工作、学业等。①

处于生命末期的临终老人心理特征与其个人人格特点、信仰、受教育水平、传统观念密切相关。此外,临终老人所体验到的身体痛苦与不适程度、以往的生活状况、对自己人生的满意程度,以及所感受到的外部环境中的他人(包括亲属、医生、护理员等)对其关心程度,都对临终老人的心理具有重要的影响。

(二)临终老人的心理历程

临终老人接近死亡时会产生复杂的心理和行为反应。多年来,很多西方研究者在探讨临终病人的心理反应时最常引用的是美国医学博士伊丽莎白·库伯勒·罗斯于1969年所著的《论死亡与临终》(*On Death and Dying*)一书中的

---

① 余运英.老年心理护理[M].北京:机械工业出版社,2017:160.

内容。罗斯博士通过观察身患绝症病人从获知病情到临终整个阶段的心理反应过程,将这个过程总结为六个阶段,即忌讳阶段、否认阶段、愤怒阶段、协议阶段、忧郁阶段和接受阶段。[①]

1. 忌讳阶段

此阶段老年人已处于生命末期,对其身体健康的衰退状况有所感知,但没有具体的了解,亲属和老年人之间不谈论死亡,刻意回避相关话题,即使处于生命末期的老年人不久将离开人世,想找人谈谈时,也往往会被亲属的逃避态度所阻止。

2. 否认阶段

当得知自己患不治之症时或即将面临死亡时,老年人表现出震惊与否认,常常会说的话是:"不,不是我!"或"这不是真的!一定是搞错了!肯定不是我!"他们往往不承认自己患了绝症或者病情恶化,认为这可能是医生的误诊。他们常常怀着侥幸的心理到处求医,以证明是医生的误诊。事实上,否认是为了暂时逃避残酷的现实对自己所产生的强烈压迫感,此反应是老年人所采取的一种心理防御机制,旨在有较多的时间调整自己去面对死亡。此阶段是个体得知自己即将死亡后的第二个反应阶段,对这个阶段心理应激的适应时间长短因人而异,大部分老年人都能很快度过否认期,而有的人直到迫近生命终了仍处于否认期。

3. 愤怒阶段

当否认无法再持续下去时,临终老人常表现为生气与激怒,产生"为什么是我,这不公平"的心理,此时老年人心里充满了怨恨与嫉妒,并会将愤怒的情绪投射给护理人员、医生、亲属等接近他的人,或对医院的制度、治疗等方面表示不满。这种愤怒是人面对死亡威胁时出现的一种发泄性心理反应,临终老人通过发泄他们的不满和苦闷以弥补自己内心的不平。[②]

4. 协议阶段

当愤怒的心理消失后,一些老年人开始接受自己临终的现实,但对生命还存有希望,为了尽量延长生命,他们常常会在内心许下承诺以作为交换条件,如"假如你给我一年时间,我一定会……"此阶段的临终老人已承认存在的事实,希望能发生奇迹,希望能扭转自己的命运;有些老年人则会做出承诺以此来延长生命,此时变得很和善,愿意配合治疗。临终老人在经历"否认"和"愤怒"阶段之后,就会千方百计地寻求延长生命的方法,或是希望免受死亡的痛苦与不适。在这一阶段临终老人的心理反应实际上是一种延缓死亡的企图,是人的生命本能和生存欲望的体现,是一种自然的心理发展过程。

5. 忧郁阶段

经历了前四个阶段之后,处于生命末期的老年人身体更加虚弱,病情更加恶化,他们发现生命协议无法阻止死亡来临时,便会产生一系列心理反应,这时他们以往的气愤或暴怒,都会被一种巨大的失落感所取代。"好吧,那就是我!"

---

① 施永兴. 临终关怀学概论[M]. 上海:复旦大学出版社,2015:308.
② 孟宪武. 临终关怀[M]. 天津:天津科学技术出版社,2002:154.

并表现出忧郁和悲伤,出现情绪低落、退缩、沉默、抑郁和绝望等反应。此时,有些临终老人开始交代后事或请求会见亲友,想要自己喜爱的人陪伴照顾。临终老人在忧郁阶段的心理表现,对于他们实现在安详和宁静中死去是必需的,也是有益的。因为只有经历过内心的剧痛和沮丧的人,才能达到"接纳"死亡的境界。此阶段持续时间较长,需要注意有的老年人会出现轻生的念头。

6. 接受阶段

接受阶段是临终的最后阶段。在一段时间的努力、挣扎之后,此时老年人的心理是"好吧,既然是我,那就去面对吧"。"我准备好了。"老年人会感到自己已经竭尽全力,没有什么悲哀和痛苦了,对死亡已经有所准备。此阶段临终老人已接受即将面临死亡的事实,他们认为已经处理好了该处理的事情。一般情况下,此时老年人的体力处于极度疲劳、衰竭的状态,他们常会表现得平静和安宁,原有的恐惧和焦虑已逐渐消失;并且喜欢独处,睡眠时间增加,情感减退,安静等待死亡的到来。接纳死亡说明一个正在走向死亡的人发现"超脱现实""超脱自我"的需求压倒了一切,于是接受了死亡的到来。这种"接纳"与"无能为力""无可奈何"的无助心理具有本质的区别,因为它代表了人的心理发展过程的最后一次对自我的超越,是生命阶段的成长。

罗斯博士认为,临终老人心理发展过程的六个阶段的顺序和时间并没有一定的规律性,不同的个体心理发生过程和顺序存在着较大的个体差异性。有时在极短的时间内,临终老人可能有两三种心理反应同时出现,也可能会重复发生;有时临终老人可能会停留在某一心理阶段,并且每个个体所经历的各个阶段的时间也有一定的差异。因此,在实际工作中,需要根据个体的实际情况进行具体的分析与处理。

脾气暴躁的徐爷爷

65岁的徐爷爷因排便习惯改变5个月、便中带血1个月入院,既往身体健康,生活规律,吸烟30余年,已戒烟2年,病理检查为低分化癌,诊断为直肠癌晚期。老人住院治疗一段时间后效果不佳,便丧失了战胜疾病的信心。当了解到疾病已危及生命时,老人表现出惊恐不安、急躁、敌视别人,总向家人和护理人员发脾气,有时还难为护理人员,拒绝治疗,甚至产生了自杀的念头。有一次趁家人不在,老人想从窗户跳楼,幸好被病友及时发现并制止。

思考: 1. 试分析徐爷爷的心理反应过程,我们对这位临终老人应如何进行危机干预和心理护理?

2. 试为徐爷爷设计心理护理方案,并尝试用临终关怀心理护理服务的方法与危机干预心理护理方法进行比较。

三、临终关怀的评估与心理护理

(一)临终关怀评估

通过对临终老人的评估,可以帮助护理人员对临终老人的碎片化信息进行有效整理,更全面地把握临终老人的心理护理需求和护理重点,制订合理有效的心理护理方案、计划,并采用适当的心理护理方法为临终老人提供心理护理服务,以帮助老人平静、安详、满足地度过人生最后一段时期。因此,在为临终老人提供心理护理服务之前,护理人员首先应在心理医生、社会工作者、医疗护理人员的帮助下,对临终老人进行评估,具体内容如下。

1. 基本情况

对临终老人基本情况的评估项目包括对其当前生理状况(包括疼痛、失眠、意识模糊、幻觉等症状体征)的评估,对其身体功能状态(包括各项生理机能的衰退情况)的评估,对其以往的生活习惯的评估,对其家庭情况(包括家庭结构、与亲属的关系情况)的评估等。

2. 心理状况

对临终老人心理状况的评估包括其个性特点、对自己身体状况的认识情况、当前的情绪状况、心理焦虑(包括抑郁)水平、对接受护理服务的态度、自我评价水平、其人生的态度、是否获得完善感等。

3. 其他情况

除对以上两个方面的评估外,护理人员还应对临终老人的受教育水平、曾经的职业状况、护理偏好、文化价值观、宗教信仰情况,以及生活习俗、亲密关系情况等做出详细的了解和评估。

(二)临终老人心理护理的一般方法

心理护理是临终老人护理的重点,要使临终老人处于舒适、安宁的状态,必须充分理解临终老人和表达对他的关爱。临终老人的心理变化比较复杂,护理人员在为其提供心理护理服务时,可采用以下几种方法。①

1. 建立良好的专业关系

以真诚的态度关心、理解、爱护老年人,取得老年人的充分信任,最大限度地减少老年人的身体与心理痛苦,缩短护理人员和老年人之间的心理差距,正确掌握老年人的心理特点。

2. 倾听与交流

尊重老年人的主观感受和交流的愿望,通过认真仔细地倾听临终老人的诉说,使其感受到被理解;通过表情、眼神和手势,与临终老人进行语言交流,表达对临终老人的理解和关爱;以熟练的照护技术操作,取得临终老人的信赖和配合;通过交谈,及时了解临终老人真实的想法和心愿,满足他们的各种需求,尽量照顾到临终老人的自尊心,尊重他们的权利,减少他们的焦虑、抑郁和恐惧,使其没有遗憾地离开人世。

---

① 余运英.老年心理护理[M].北京:机械工业出版社,2017:161.

3．提供舒适的临终环境

保证临终老人所处环境的整洁，为其营造一种温暖、舒适、安全的环境。可以通过摆放植物，让老年人感受到生命的活力与希望；通过摆放家庭成员照片，让临终老人能随时体会到家庭的温暖；还可以根据老年人的喜好播放音乐或戏曲等。

4．触摸

触摸护理是大部分临终老人愿意接受的一种护理方法。护理人员在为临终老人提供心理支持服务时，可针对临终老人的不同情况，通过触摸他的手、头、肩膀，注视他的眼睛，轻轻替他按摩等，来表达对临终老人的关心、体贴、理解和支持等，获得他们的信赖，减轻其孤独感和恐惧感，使他们产生安全感和温暖感。

5．指导亲属参与

家庭作为临终老人的主要支持系统，对其心理及身体起着至关重要的作用。临终老人在生命的最后时刻往往希望得到亲人的关爱，倾诉内心的愿望和嘱托。因此，护理人员应指导临终老人的亲属建立积极的生命观，给老年人以积极的感情支持，消除其孤独感、恐惧感，增强其安全感，使其获得心理慰藉。

6．适度的生命教育

在对临终老人进行心理护理的过程中，需将把对生命的探讨和对死亡的认识结合起来。根据临终老人不同的职业背景、心理反应、个性特征、社会文化背景，选择适当的时机和恰当的表达，引导临终老人及其亲属正确认识和对待生命，从对死亡的恐惧与不安中解脱出来，以平静的心情面对即将到来的死亡。

7．个别化护理

"以人为本"是心理护理的一贯原则，护理人员应尊重临终老人的生活习惯、宗教信仰等，对其需求情况给予详细的评估，并给予个别化的精神安慰和心理疏导，从而提高临终护理的服务效果。对临终老人的个别化护理没有统一的标准，也没有千篇一律的方法。例如，对某些临终老人，护理人员可以适当地与其探讨病情的进展；对某些老人，护理人员需要根据其心理特点给予善意引导，等等。因此，评估并了解临终老人的个性化特征十分重要。

8．重视与弥留之际老年人的心灵沟通

美国学者卡顿堡顿对临终老人精神生活的研究结果表明，接近死亡的人，其精神和智力状态并不都是混乱的，49％的老年人直到死亡前一直是很清醒的，22％的老年人有一定意识，20％的老年人处于清醒与混乱之间，仅3％的老年人一直处于混乱状态。因此，不断对临终或昏迷老年人讲话是很重要而有意义的，护理人员应以积极、明确、温馨的方式对老年人表示尊重和关怀，直到他们离去。

（三）不同阶段临终老人的心理护理

临终老人的心理变化会经历不同的阶段，因此，及时了解临终老人的心理状态，满足其身心需要，使他们在安静舒适的环境中以平静的心情告别人生，这是临终老人心理护理的关键。具体内容如下：

1. 忌讳和否认阶段的心理护理

对处于忌讳和否认阶段的临终老人,护理人员应与其坦诚沟通,既不要揭穿其自我欺骗的防御心理机制,也不要对临终老人撒谎,而应根据临终老人对自己病情的认识程度,给予理解和支持,消除其被遗弃感,使其时刻感受到被关怀的温暖。因此,护理人员要耐心倾听老年人的诉说,缓解其心灵创痛,并因势利导,循循善诱,使老年人逐步面对现实。

(1) 真诚、尊重的态度。护理人员要坦诚、温和地回答临终老人对其身体情况的询问,并在沟通中逐步引导,和临终老人探讨生命话题,帮助其完成个人生命的整合,获得人生价值感和满足感。

(2) 陪伴与交流。护理人员陪伴在临终老人身旁时,应注意非语言交流和仔细地倾听,协助临终老人满足其心理方面的需要,使其了解到护理人员愿意和他一起讨论他所关心的话题,更重要的是让他感受到护理人员的关心。

2. 愤怒阶段的心理护理

护理人员应认识到处于愤怒阶段的临终老人,其愤怒情绪源于内心的恐惧与绝望,因此应对临终老人的愤怒行为给予理解、忍让和包容,尽量让老人表达愤怒,以宣泄其内心的不快,应给予其关心、爱护和情绪疏导,必要时在医生的指导下配以辅助药物,帮助其平息愤怒的情绪。

(1) 表达与宣泄。护理人员应为临终老人提供表达或发泄内心情感的适宜环境和机会,在心理医生的指导下给予临终老人必要的心理疏导,帮助其渡过心理难关,并注意预防意外事件的发生。

(2) 接纳与关怀。护理人员应认真倾听临终老人的心理感受,同时做好其他方面的护理工作,做到动作轻柔、态度和蔼,表现出关怀与理解。

(3) 指导亲属。护理人员应做好对临终老人亲属的指导工作,帮助他们了解临终老人的情绪和行为特点,指导他们学习对临终老人心理护理的简单方法。同时护理人员还应为临终老人的亲属提供疏解心理压力和情绪问题方面的服务。

3. 协议阶段的心理护理

临终老人在此阶段的心理状况对心理护理工作来说是有利的,因为他们态度友好,愿意配合护理人员的工作,试图延长生命和扭转死亡的命运。此时,护理人员应鼓励其说出内心的感受和希望,尽可能满足他们提出的合理要求,创造条件让他们安适地度过生命的最后时光。必要时在医生的指导下配合药物,以控制疼痛、减轻痛苦。

(1) 心理引导。护理人员应当给予临终老人适当的心理引导,尽量满足其个人合理要求,促使其更好地配合护理人员的工作,减轻其身体和心理痛苦。

(2) 舒缓压力。临终老人的协议行为可能是私下进行的,护理人员不一定能通过观察了解到,因此在与老人沟通的过程中,应鼓励他说出内心的感受,积极引导,减轻其心理压力。

4. 忧郁阶段的心理护理

在这一阶段,护理人员应给予临终老人更多的同情和照顾,尽量让老人的亲属多予以陪伴,让老人有更多的时间和亲人在一起,并尽量帮助其完成心愿。同时还应注意对临终老人的心理疏导,减轻其心理压力,加强安全保护。

(1) 鼓励表达。允许临终老人用不同的方式宣泄,表达其失落、悲哀的情绪,给予临终老人精神上的支持。

(2) 陪伴。安排亲朋好友探望和陪伴,使临终老人有尽可能多的时间和自己的亲人在一起。尽量帮助临终老人完成他们未完成的事情,见到他们希望见到的人,尽可能满足其需要,以提升其生命的满足感。

(3) 安全与舒适。护理人员应及时观察临终老人的不良心理反应,预防其自杀倾向。同时,在这一阶段更应特别关注临终老人的身体舒适感,帮助临终老人保持身体的清洁,通过用药减少临终老人的疼痛和不适。

5. 接受阶段的心理护理

护理人员应为临终老人提供一个舒适、安静、明亮的环境,减少外界干扰,不要勉强与临终老人交谈,尊重其选择,继续陪伴,注意观察临终老人的非语言行为,给予其安抚和支持,加强生活护理,认真细致地做好临终护理,使老人平静、安详、有尊严地离开人世。

(1) 尊重。护理人员应尊重临终老人的信仰,帮助临终老人和亲属做好离世的准备工作和家庭安排,协助其完成未了的心愿。

(2) 保证生命质量。护理人员应保证老人临终前的生活质量,争取使临终老人得到最亲密人的陪伴;给予临终老人身体接触,如拉着老人的手、抚摸老人的脸颊等,使老人带着对人间的满足走向生命的终点。

专栏 6-6

护理人员的烦恼

钱奶奶,女,79岁,患慢性支气管炎30余年,并伴有脑梗死、左股骨颈骨折术后合并多器官功能衰竭。现老人意识清楚,但语言表达能力欠佳,情绪不稳,烦躁,哭闹不停,时不时地发脾气,抱怨亲属不来陪伴,不停地活动,自行从床档往床下钻,护理人员用约束带保护老人时,老人反应强烈,自行松解约束带。钱奶奶不配合护理工作,且拒绝沟通,为此护理人员十分烦恼。

思考:1. 钱奶奶的心理需求有哪些?
　　　2. 请给护理人员为钱奶奶提供的心理护理服务提出建议。

任务二　掌握对临终老人亲属的心理支持与哀伤辅导方法

在临终关怀服务的过程中,对临终老人亲属的关心和支持也是临终关怀的重要组成部分。临终老人亲属不仅承担着照顾临终老人的责任,而且也经历着亲人即将逝去的情感折磨,在生理、心理、社会功能等多个层面承受着巨大的压

力,因此为临终老人亲属提供支持和照护,帮助其缓解压力,降低其面临的生理、心理和社会风险也是护理人员的一项重要工作内容。

一、对临终老人亲属的心理支持服务

(一)临终老人亲属的心理压力

1. 情感压力

对临终老人的亲属来说,心理情感压力是其所面对的主要压力,具体包括以下五个方面:首先是选择的压力,当亲属被告知老人的生理机能处于衰竭状况时,亲属需要在继续治疗还是放弃治疗中做出选择,继续治疗意味着临终老人要承受医疗痛苦,家庭要承受经济压力,而其结果可能是人财两空;放弃治疗则意味着失去亲人所带来的情感压力以及生命选择所带来的道德伦理压力。对亲属来说,无论做出何种选择都将承受巨大的心理压力。其次是隐瞒与否的压力。由于受到文化和情感等多方面因素的影响,在面临是否告知老人其身体机能真实状况的选择时,大部分临终老人的亲属都会对临终老人采取不同程度的保密措施,同时还要掩饰自己的恐惧、悲伤等情绪,长期情绪压抑会导致他们压力倍增,甚至出现不同程度的心理损害。最后是缺乏支持。现代社会文化中对私人生活领域的强调和重视以及正式心理支持与辅导资源的匮乏,使临终老人亲属可以获得的情感沟通、宣泄和心理辅导、社会支持的渠道较少,从而导致临终老人亲属陷入悲伤、绝望、愧疚、焦虑、抑郁等不良情绪以及生活节奏混乱、脱离社会等不良处境。

2. 身心压力

在中国当前社会文化背景下,"4+2+1"和"4+2+2"为主流家庭结构模式(即4位老人、2位中年人,1位或2位未成年人),同时女性就业比例较高,大部分临终老人的亲属在长期陪伴照料老年人的同时,还承担着工作竞争压力以及生活压力,身体得不到充分的休息,身体抵抗力下降,生理健康受到影响。罗斯博士认为,亲属往往比病人更难接受死亡的事实。此时亲属一方面要照顾临终老人,另一方面要承受即将失去亲人的极大的精神打击,来自身心的双重压力使得临终老人亲属经常处于过度焦虑、郁闷、怨恨、自责、心力交瘁等不良心理状态中,这给其心理、生理健康带来很大危害。

3. 文化伦理压力

从中国传统文化的角度看,对亲人不到最后一刻不该舍弃的传统伦理观念是支配临终老人亲属意识行为的重要因素,这一因素与其所经历的真实情感和身心压力交织在一起,加剧了其心理焦虑。此外,所接受的生命教育的不足和对死亡的消极观念,以及对临终知识的缺乏,都会导致亲属面对临终老人时常常手足无措,不知如何调适自己的心态或以何种态度对待临终老人。这种影响持续不断的存在,会引发恐惧、焦虑、无助以及对生死距离的恐慌感。

(二)临终老人亲属的心理反应及影响因素

1. 心理反应

当医生宣布老人处于临终濒危状态时,最早面对这一现实的是老人的亲属,他们的心理即将经历冲击、否认、焦虑与接受、自责以及接受、解脱、重组等过程。① 冲击。当得知自己的亲人已经处于濒临死亡的临终期时,老年人的亲属往往难以接受事实,联想到以往美满幸福的家庭生活即将"毁灭",思绪万千,无限悲痛,甚至痛不欲生。② 否认。在经过一段时间的治疗后,临终老人的各项生理机能衰退状况减缓或趋于平缓时,亲属会对医生的诊断产生怀疑,产生治疗希望,并开始四处求医问药,亲属的心理压力得到暂时的缓解。③ 焦虑与接受。在经历四处奔波求医问药之后,临终老人身体机能不见好转甚至衰退趋于明显时,亲属会意识到医治无望,于是产生焦虑、悲痛的情绪,同时开始接受亲人不能治愈,即将逝去的事实。④ 自责。在接受临终老人即将逝去这一事实之后,亲属往往沉浸在悲伤、自责、负罪、失落和孤独感中,自责没有照顾好老人,甚至觉得自己对临终老人的亡故要负责任。⑤ 接受、解脱、重组。随着时间的推移,亲属渐渐接受老人濒临亡故或逝者已逝的事实,逐步摆脱自责感,开始寻找新的生活方式和心理寄托,建立新的家庭角色意识。以上心理反应过程并非都必然发生,发生的顺序也可能有所改变。

2. 影响因素

临终老人亲属的心理反应状况受其个人特征和外部环境影响,是多种因素共同作用的结果,存在较大的个体差异,其中影响较为突出的因素如下。

(1) 亲属与临终老人的亲密程度。与临终老人感情关系越深,日常交往越密切,依恋关系越深的亲属,所感受的冲击、悲痛、焦虑等心理反应越剧烈;血缘关系越近,悲痛越深;未成年子女比成年子女悲伤更深。

(2) 临终老人病程的长短。临终老人的病程越短,其亲属所承受的悲痛越大。病程较长时,亲属所面临的情感危机会随着时间的推移逐渐缓释,在经历一连串的心理反应过程后,一般情况下亲属可以平静、理性地接受亲人即将逝去这一事实,悲痛感相对较小。

(3) 亲属的死亡认知水平。亲属接受过生命文化观念的教育,对死亡的认知和理解水平越高,则越能理性地面对临终老人即将逝去的现实,这一方面意味着他们可能会从容度过心理反应的个别阶段,但另一方面也有可能会加深他们在其他方面的心理反应。例如,从事医务工作的亲属几乎没有否认期,但由于职业的特殊性,他们也可能会认为自己无能,不能挽救亲人的生命,所以他们可能比常人有更深的自责和负罪感。

(4) 亲属的性格特征。相关研究表明,在面对亲人亡故这一生活事件时,性格外向的个体能及时宣泄悲伤情绪,并且容易得到和利用社会支持,因此其悲痛时间短于性格内向的个体。性格内向的个体往往把自己的注意力指向自身,从而加剧其悲伤体验。

(5) 亲属的宗教和文化信仰。宗教信仰对亲属的心理反应有很大影响。有信仰的亲属,其受冲击、悲痛、焦虑等心理反应水平相对较低,更容易接受老人即将逝去的现实。

(三) 对临终老人亲属的心理支持

护理人员应及时了解临终老人亲属的心理和精神状况,给予他们心理支持和精神支持,诸如开展情感倾诉、心愿达成服务、美好时光记录服务、照顾技巧

培训、老人及其亲属集体纪念活动等,达到帮助临终老人亲属缓解压力、宣泄内心痛苦的目的,使他们回归理性思维,保持情绪稳定。

1. 充分沟通

护理人员可以在专业医生的指导下,与临终老人亲属进行充分的沟通,解释临终老人生理、心理变化的原因和姑息治疗的进展及临终老人身体机能后续发展趋势,减少亲属的疑虑;尽可能安排临终老人亲属参与对临终老人的日常照顾,帮助其及时了解老人的生理变化情况,增加与临终老人的照顾接触,缓解其自责感;与临终老人亲属就老人亡故相关内容进行介绍和沟通,做好丧亲心理护理服务的介入准备。

2. 鼓励表达

护理人员要与临终老人亲属建立良好的专业关系,取得亲属的信任;为临终老人亲属提供心理支持,耐心倾听,鼓励其表达自己内心的感受及遇到的困难;为临终老人亲属提供安静、隐私的情绪宣泄环境;对临终老人亲属的过激言语和行为给予接纳、理解和包容,帮助他们缓解压力,并引导他们建立积极的情感。

3. 提供指导

护理人员可以为临终老人的亲属提供日常照顾指导服务,鼓励亲属参与对临终老人的照护活动,如照顾计划的制订、生活护理等;耐心指导、解释、示范有关的照护技术,使亲属在照料临终老人的过程中获得心理慰藉,同时也减轻临终老人的孤独情绪。

4. 协助维持家庭生活的完整性

护理人员还应协助临终老人亲属在医院或临终场所的环境中安排日常的家庭活动,如共进晚餐,看电视、下象棋等,以增进临终老人及其亲属的心理舒适感。此外,护理人员还应积极帮助临终老人亲属安排陪伴期间的生活,为其分忧,尽量解决其实际困难,维持家庭生活的完整性。

二、丧亲后哀伤辅导

哀伤是一个人面对丧失时的心身反应。老人的离世所引发的哀伤情绪会带给其亲属的生理、心理和社会等多个层面带来影响。中国自古以来就有守孝三年的民间习俗,这一习俗反映出传统文化中对于离世老人亲属哀伤情感调适的尊重,给了亲属充足的时间来完成其内心对离世老人的哀悼,有利于亲属适应老人离世后的生活。尽管大部分人最终能够相对顺利地接受老人离世的事实,并逐渐适应丧亲的生活状态,但由于个体差异性的存在,仍有部分人会在老人离世后很长一段时间内陷入强烈而持久的哀伤情绪中,难以缓解。[1] 因此,对离世老人亲属心理健康状况的关注是十分重要的。

---

[1] 李梅,李洁,时勘等. 丧亲人群哀伤辅导的研究构思[J]. 电子科技大学学报(社科版),2016(18):44-45.

（一）丧亲后的应激障碍及哀伤辅导的任务

1. 丧亲后的应激障碍

哀伤辅导是对离世老人亲属提供的心理支持和服务，以减轻亲属在心理和精神层面的情绪负荷，协助其适应老人离世后的生活，并促进其重新建立自我和社会关系的辅导过程。在老人离世后，亲属会经历丧亲后应激障碍，其情绪和认知会经历以下三个阶段。

（1）逃避反应阶段。在这一阶段亲属的主要反应是拒绝接受、不相信，思维变得迟缓、麻木、抽离。亲属不能接受老年人已经离去的现实，陷入对以往生活的回忆。这一阶段大概会持续数小时到数月不等，主要受亲属和离世老人之间关系的亲密度影响。

（2）面对与瓦解阶段。这一阶段亲属的主要反应是哀怨、自责、退缩、无限的忧伤与思念。亲属往往陷入哀怨和自责的情绪中，严重者可能会断绝自己与外界的一切联系，独自疗伤。亲属还会产生内疚感，埋怨自己平日里对离世老人不够好。这一阶段的持续时间因人而异，可能持续数月到两年。

（3）接纳与重整阶段。这一阶段的亲属逐渐恢复正常，其关注点由内在伤痛渐渐转移到外在世界；学会接纳生活里许多不可逆转的改变，但又不再刻意地去忘记往事，并从美好的回忆中汲取面对新生活的力量。

这三个阶段并不是每一位离世老人的亲属都会经历的，也不是每一位亲属都会顺利度过的，它受到亲属个人特征的影响。丧亲后应激障碍较为严重者可能会久久沉浸在哀伤中无法恢复，其间也可能会倒退到前面任何一个阶段，因此良好的心理支持和辅导是帮助他们的重要手段。

2. 哀伤辅导的任务

尽管丧亲后应激障碍的阶段性反应是一个持续的过程，但并不代表让离世老人的亲属静待时间流逝，无助地等待时间治愈伤痛。在了解了老年人离世后亲属的心理反应后，护理人员可以在专业心理医生的指导下，为离世老人的亲属开展哀伤辅导服务。美国精神科医生沃登提出的哀伤辅导任务阶段说认为，在帮助丧亲者适应丧亲生活的过程中需要完成以下任务。

（1）接受事实。当老年人离世后，亲属会产生不真实感，所以护理人员需要帮助离世老人的亲属确认和理解老人已经离去的真实性。这项工作包括在认知和情感层面上承认逝者已去的事实，学会接受既定事实，学会接受新的身份。

（2）情感体验。老人离世后，亲属可能会选择压抑自己的情绪，表面看上去他们似乎已能很理性地理解和面对遭遇的不幸，平静地开始正常生活，但他们会拒绝谈论哀伤，在周围人看来，也会认为不提旧事对恢复是有益的，然而哀伤如果没有得到宣泄，反而会让离世老人亲属的情绪长期得不到处理。因此，护理人员要协助离世老人亲属处理已表达和未表达的情绪情感，鼓励他们表达哀伤和痛苦，引导他们逐渐调整情绪。

（3）适应变化。在老人离世后，亲属的生活内容、节奏、角色和处境等都会发生一定的变化，护理人员要帮助他们适应一个没有离世老人参与的新环境，学习将情绪的活力投注到其他社会关系上。

(4) 内心整合与个人成长。经历丧亲哀伤的亲属,需要走过一些重要的心理历程才能重新适应新的生活。护理人员必须认识到,丧亲后的适应并不仅仅局限于哀伤情感和想法的表达,对于新生活的适应和恢复也同样重要。因此,护理人员要鼓励并帮助离世老人的亲属做建设性的情绪抽离,学习修复内部自我和社会自我,坦然地将个人的情感投入新的生活或关系。

无处安放的哀伤

79岁的孙奶奶,结肠癌晚期并已全身转移,因病情加重住进老年关怀病院。老人夜间睡眠差、做噩梦、想自杀、总是发脾气。在国外工作的儿子得知母亲病情后,回国陪伴她。儿子对母亲的病情不知所措,想尽可能延长母亲的生命。有一天,病情更加危重的孙奶奶艰难地对儿子提出放弃治疗,儿子痛苦地接受了老人的要求。老人安详离世。然而孙奶奶的儿子内心充满了自责和内疚,一直不肯接受母亲离世的事实,后续丧葬事宜也无法继续下去。

思考:1. 孙奶奶临终前的心理表现有哪些?
2. 分析孙奶奶儿子的心理及情绪状况。
3. 护理人员应怎样对孙奶奶的儿子进行心理护理服务和哀伤辅导?

(二)亲属心理状况评估与哀伤辅导技术

1. 亲属心理状况评估

护理人员在为离世老人亲属提供哀伤辅导前,需对其心理状况进行评估,评估一般以开放性提问的方式进行,具体包括以下几个方面的内容。

(1) 亲属与离世老人的关系如何,亲密程度如何?
(2) 离世老人是在什么情况下去世的,亲属是否有心理准备?
(3) 亲属以往是否有过类似的哀伤经历,以往的应对方式是怎样的?
(4) 亲属在丧亲后的社会支持系统是否完善?
(5) 亲属目前最大的心理和情绪困扰是什么,希望得到哪些帮助?
(6) 亲属目前的情绪状况如何,其情绪反应是否属于正常范围?
(7) 亲属目前处于哪一个心理阶段,是否属于复杂性哀伤?

2. 哀伤辅导技术

(1) 倾诉宣泄式空椅技术。护理人员将一把空椅子放在离世老人亲属的面前,假定离世老人坐在椅子上,让亲属把自己内心想对离世老人说却没机会或没来得及说的话表达出来,从而使内心趋于平和。在这个过程中,护理人员帮助离世老人亲属完成了之前未完成的告别,宣泄了亲属的思念与哀伤,并处理了其内心的自责与歉疚。

(2) 角色扮演技术。护理人员让离世老人的亲属扮演离世老人的角色,通过扮演来换位思考,让亲属在不知不觉中进入角色,深深理解离世老人的想法,体会离世老人对自己好好生活的期望,并以此作为调节消极情绪、继续生活下去的动力之一。

(3) 仪式活动。仪式活动通常代表结束一个活动,同时开始新的活动。哀伤辅导很重要的一个步骤是让亲属正视丧失现实,而且在心理上接受与丧失客体的分离。因此,护理人员可以设计一些仪式活动,如追悼、写信、写回忆录等,帮助离世老人亲属完成与离世老人在心理上的健康分离,引导其开始新的生活。

(4) 保险箱技术。保险箱技术是一种较为简单的负面情绪处理技术,是靠想象方法来完成的。护理人员指导离世老人亲属将哀伤情绪或已失去的美好记忆锁入想象中的保险箱里,钥匙由他自己掌管,并在自己愿意的时候重新触及那些记忆以及探讨相关事件。此方法可以在较短时间内缓解离世老人亲属的负面情绪。

 实训任务

对临终老人和亲属的心理护理

1. 训练目的
(1) 熟悉临终老人的心理特征和心理反应过程。
(2) 掌握临终老人的心理护理方法。

2. 训练准备
(1) 环境准备。环境安静、整洁、卫生、宽敞明亮、通风良好的心理护理实训室,设备能正常使用。
(2) 用具准备。情境资料及学生预习准备的相关资料;可播放松弛音乐和指令,进行示范和模仿的音响设备;舒适的躺椅及可活动桌椅等。
(3) 学生准备。将全班学生分为几个小组,选出小组长,负责领导小组完成项目任务。

3. 操作示范
通过视频播放或教师演示或情境扮演,示范临终老人及其亲属的心理护理方法:
(1) 临终老人的心理护理方法。
(2) 临终老人亲属的心理支持技术。

4. 学生练习
(1) 将学生分为5人一组,观察临终关怀机构或养老中心临终老人的个案。
(2) 针对所观察临终老人个案,做出心理护理评估和实施计划。
(3) 通过角色扮演展示对临终老人和亲属的心理护理措施。

5. 效果评价
(1) 学习态度。是否以端正的态度对待训练?
(2) 技能掌握。是否能将所学的理论知识与实训有机结合,做到有计划、步骤清楚、过程完整地完成实训?

(3) 职业情感。是否理解老年人心理护理工作的意义？

(4) 团队精神。在实训过程中，小组成员是否团结协作，积极参与，提出建议？

思考题

1. 简述临终关怀的内容和意义。
2. 简述处于不同心理阶段临终老人的心理护理方法。
3. 简述为离世老人亲属提供哀伤辅导的任务。

模块七

老年人心理护理的方法及通用技巧

学习目标

1. 了解不同心理干预方法在老年人心理护理中的应用。
2. 熟悉老年人心理护理的一般程序。
3. 能够将老年人心理护理服务技巧应用于具体的服务实践。

- 任务一　了解老年人心理护理方法
- 任务二　掌握老年人心理护理的一般程序与常用的沟通技巧

情境导入

父子情伤

吴老伯因心脏病住进医院,他经常无故对儿子发脾气,控诉儿子把他丢在医院,不管他的死活,说到激动处还咬牙切齿。父子关系十分紧张。

护理员小张了解到,吴老伯的儿子在外地工作,工作繁忙,平时很少回家看望父亲,加之吴老伯脾气暴躁,父子关系不亲密。吴老伯向小张诉说,自己有被遗弃的感觉,对生活非常消极、自卑。生病住院加重了吴老伯的心理压力,眼下无论儿子做什么、说什么都会引起吴老伯的猜疑和否定。

问题讨论:
1. 引发吴老伯情绪和行为问题的原因是什么?
2. 请帮助小张列出对吴老伯的心理护理工作目标。

任务一 了解老年人心理护理方法

老年人的心理护理服务,是指护理人员有意识、有目的地运用专业方法和技巧,通过了解老年人的心理活动和情绪变化特征,为老年人提供适当的协助和服务,帮助老年人正确地了解自己、认识环境;根据老年人的自身条件,协助他们调整自己的认知、情绪和行为,确立适当的生活目标,以积极、乐观、自信的心理状态,克服晚年生活所可能面临的各种困境;鼓励老年人参与社会生活,增强其社会适应能力。在为老年人提供心理护理服务时,护理人员要明确心理护理的主要目的是增强老年人的自我认知能力、提高老年人生活的独立性和自信心、增强老年人的社会适应能力。

常用老年人心理护理方法介绍如下。

一、心理社会治疗及其在老年人心理护理中的应用

心理社会治疗理论在精神分析理论的基础上,逐步吸纳了社会角色理论、沟通理论、发展理论等,并在服务实践过程中不断加以完善,最终形成了自己独特的理论逻辑框架。

(一) 心理社会治疗的内容及特点

1. 心理社会治疗的内容

(1) 心理社会治疗理论认为,人的行为是生理、心理和社会三重因素综合作用的结果,因此对老年人所出现的心理和行为问题进行分析和提供心理护理服务时,应该充分考虑到这三重因素的综合作用,从老年人的健康状况、心理特点以及老年人所处社会生活情境三个层面进行分析,而不是把老年人看作是孤立的问题个体,由此推动对老年人个体内在自我需求的真正满足。

(2) 心理社会治疗理论认为,一个人的早年生活经验会对其现在以及未来的生活产生重要影响,因此个体所出现的心理问题与其所感受到的来自过去、

现在以及问题处理这三方面的压力有关。过去的压力源于个体在早期的经历中所感受到的因自己需求没有获得满足或者情绪冲突没有得到解决而产生的压力。现在的压力是指个体所感受到的当前所处的社会环境所带来的压力(即社会环境适应不良)。问题处理的压力是指个体对所处的外部环境的理性认知、应对能力以及情绪控制能力不足所产生的压力。老年人所出现的心理困扰、行为问题和人际交往冲突,往往源于这三个方面压力的相互影响,因此在为老年人提供心理护理服务的过程中,护理人员要将服务的重点放在帮助老年人减轻这三方面的压力上。

(3) 心理社会治疗理论认为,人际沟通是保证人与人之间进行有效交流的基础,是形成健康人格的重要条件。因此,护理人员在为老年人提供心理护理服务时,支持和指导老年人学习有效的沟通技巧,为老年人提供充分的沟通交流机会,使其建立健康有效的人际交往关系十分重要。

2. 心理社会治疗的特点

(1) 心理社会治疗理论借鉴了生理医学模式,注重从人际交往的社会场景出发,去理解陷入心理困扰和人际关系失调的老年人,通过倾听、观察、沟通等方法全面收集相关资料。同时,心理社会治疗理论强调,只有将老年人目前所出现的心理冲突和人际关系失调与以往的经历联系起来,才能准确地发现老年人问题产生的真实原因。

(2) 对收集到的相关资料的整理和分析,可以从以下两个方面着手:① 对老年人的情绪、真实需要、行为动机、社会态度、个人能力、价值观、气质性格等方面因素进行服务评估,以了解这些因素是如何相互影响的;② 对老年人心理困扰产生、变化的原因和过程进行分析,即老年人的困扰是何时出现的?出现初期的表现如何?随后采取过哪些措施来缓解老年人的这些困扰?有哪些因素(包括应激事件)加深了老年人的困扰?

(3) 心理社会治疗理论提出对老年人心理困扰和人际关系失调的服务应按照以下五个步骤进行:① 减轻老年人的不安和焦虑情绪;② 减轻老年人系统功能的失调;③ 增强老年人对社会生活的适应能力;④ 协调并帮助老年人提升人际沟通和交往能力;⑤ 改善老年人的人际交往关系。

(二) 心理社会治疗方法在老年人心理护理中的应用

具体的心理社会治疗方法分为两大类,即直接治疗法和间接治疗法。直接治疗法是指护理人员直接面对老年人本人开展心理护理服务。间接治疗法是指护理人员不直接面对老年人本人开展服务,而是通过与老年人生活环境中的重要他人(如亲属)的沟通和协调,达到对老年人的心理护理服务目标。

1. 直接治疗法

直接治疗法可以进一步划分为两种,即反思性治疗技术和非反思性治疗技术。

反思性治疗技术主要是通过讨论、提问等方法,引导老年人对特定情境下的自我进行反思,最终达到帮助老年人形成对自我的正确认知和修正的目的。具体操作如下:

（1）外在反思。主要针对现实情境下其他人的特征、情绪、行为进行理解和反思；对所处的现实生活情境进行客观的认识、理解和反思。

（2）向内在反思阶段转化。引导老年人对现实情境下自己的行为决定、行为后果进行回顾和反思，并引导老年人对行为变通的可能性及后果进行反思。

（3）内在反思。推动老年人进行深入的自我反思，促进老年人加深对自身情绪、真实需要、行为动机、社会态度、个人能力、价值观、气质性格等方面的自我认知。

（4）反思强化。引导老年人进行自我评估，纠正错误的自我认知，帮助老年人建立积极、健康的自我意识。

（5）巩固。帮助老年人学习特定情境或环境下，如何控制自己的情绪和行为，并对情境做出理性的认知判断。

与反思性治疗不同，非反思性治疗是通过外在力量推动老年人发生内在变化的一种方法，主要技术手段包括支持、直接影响、探索—描述—宣泄等三种。支持主要是护理人员对老年人进行正面强化的一种方式，包括物质支持和非物质支持。物质支持是指为老年人提供各种实物支持；非物质支持是指以理解、接受、尊重、共情等方式来减轻老年人的不安情绪，并给予老年人必要的肯定和认可。直接影响是指护理人员通过直接表达自己的态度和意见对老年人的问题直接进行干预，按照干预强度由小到大的顺序排列，具体手段依次为强调、提议、忠告、实际干预等。探索—描述—宣泄是指护理人员帮助老年人进行自我情绪认识和管理的过程，即在护理人员的帮助下，老年人对自己的困扰进行全面梳理和认识，进而能够清楚地描述困扰产生的原因和发展过程，最后为老年人提供情绪宣泄的机会，以减轻老年人内心的冲突。

2. 间接治疗法

间接治疗法是当老年人存在强烈的抗拒情绪时所采用的曲线护理干预。心理社会治疗模式认为，每个人都生活在特定的环境之中，人们的行为往往受到环境的深刻影响，因此我们可以暂时避开老年人本人，通过改善老年人的生活环境中其他人（如亲属、社区等）对老年人的态度，以及他们与老年人之间的情绪和行为互动方式等，使老年人生活在一个包容、理解、接纳的环境中，逐步减轻老年人的心理压力，从而间接地促进老年人改变与他人的互动模式。

坎坷人生

韩阿姨哀叹说自己一生经历坎坷，厄运缠身。初中毕业时，一场大病剥夺了她上高中的机会，无奈之下韩阿姨进工厂当了学徒工。24岁结婚，婚后不久丈夫便另觅新欢，弃她而去。她与女儿相依为命，好不容易熬到女儿大学毕业，她觉得苦日子熬到了头，可是两年前女儿在上班途中遭遇车祸，身受重伤。从此，韩阿姨的情绪变得十分低落，忧郁沮丧，她认为自

己是家人的克星。长期的情绪低落,悲观厌世,使韩阿姨的思维变得迟钝,记忆力也明显下降。

> **思考:** 1. 利用前几个模块所学的知识,梳理并明确韩阿姨的心理问题的类型。
> 2. 运用心理社会治疗理论的相关知识给出对韩阿姨的心理护理建议。

二、认知行为治疗方法及其在老年人心理护理中的应用

认知行为治疗方法主要适用于抑郁症、焦虑症等心理疾病,以及由于不合理认知导致的心理问题的治疗,这一方法的主要着眼点是老年人不合理的认知,通过专业的方法和技术改变老年人对自己、对他人、对环境或对事物的看法与态度,从而达到消除老年人不良情绪和行为的目的。

(一) 认知行为理论的内容及特点

1. 认知行为理论的内容

认知行为理论认为,个体在日常生活中会对日常发生的事件进行评估,其评估结果会影响个体的情绪和行为,而行为又会反过来影响个体的认知和情绪,这样认知、情绪和行为就会围绕日常生活中的事件形成循环影响。例如,一些随子女迁入北京生活的外地老人认为自己普通话说得不好,担心被人取笑,因此很少走出家门与他人交流,这样的认知会伴随紧张焦虑的情绪反应,进一步推动老年人采取社交回避的行为方式,尽可能避免外出和与他人交流,而这样的回避行为,又会进一步加强老人对自己的否定评价,强化不安、焦虑的情绪,久而久之,老人对自己的消极评价便会固化,遇到需要外出与人交往的场合就会紧张不安,并采取回避行为。

认知行为理论把人的问题归结为认知、行为和情绪三者之间的相互作用,其中认知扮演着中介与协调的作用。因此,为老年人提供心理护理服务时,不应该把目标仅仅放在行为、情绪这些外在表现上,更要分析老年人的思维活动和他的应对策略上,找出错误的认知方式并加以引导和纠正。认知的形成受到"自动化思考机制"以及"非理性信念"的影响。所谓自动化思考机制,就是经过长时间的经验积累,形成某种相对固定的思考和行为模式。对于老年人来说,长期人生经验的积累既为他们提供了丰富的知识储备,也使得他们在行动时往往不加思考,个人的许多错误的想法、非理性的信念、零散或错误的认知,使得他们在特定的情境下按照既有的模式做出行动反应。非理性信念是指人们的认知、情绪和行为反应,受到人们的信念(即对特定情境下所发生的事件的思考、理解和自我告知)的影响,如果个体用一些非理性的信念看待某一特定事件,则这种非理性信念就会促使个体在情绪和行为上出现困扰。

2. 认知行为理论的特点

认知行为理论将认知用于行为修正上，强调认知在解决情绪和行为问题过程中的重要性，认为外在的行为改变与内在的认知改变都会最终影响个人的行为改变。在对老年人开展心理护理服务时，护理人员既要关注老年人的行为改变的规律，又要关注老年人的认知加工特点，具体包括以下几点。

（1）帮助老年人在不同情况下不断调整自己的认知，学会从他人的角度来看待问题和行动目标。

（2）指导老年人对在特定场景下所发生的事件的原因做出客观理性的解释。

（3）协助老年人修正认知上的错误假定，如归因偏差、自我扩大、过度自责、两极化思维方式等。

（二）认知行为理论在老年人心理护理中的应用

认知行为治疗方法是从老年人的具体情况出发，针对老年人个体所存在的具体问题，制订心理护理服务计划，同时强调在服务实施的过程中老年人主动参与的必要性和重要性。认知行为治疗方法分为理性情绪治疗法和认知行为干预法。

1. 理性情绪治疗法

理性情绪治疗法对人的心理失调的原因和机制进行了深入分析，认为非理性或错误的思想、信念是情感障碍或异常行为产生的重要因素，因此心理学家艾利斯提出了"ABC"理论，其中 A(Activating Events)指与情感有关系的激发事件；B(Beliefs)指信念，包括理性或非理性信念；C(Consequences)指与激发事件和信念有关的情感反应结果。A 对于个体的意义受 B 的影响，即激发事件是由人们的认知态度和信念决定的。例如，在乘坐公交车时年轻人没有给老年人让座的情境下，一位老年人可能会出现愤怒、不满的情绪，进而对坐在座位上的年轻人表达不满；而另一位老年人可能会觉得无所谓，尽管有些疲劳，但是坚持到站便下了车。在这个情境事件中，年轻人没有给老年人让座是激发事件 A，但引发两位老年人出现两种不同行为结果 C 的，却是两位老年人对年轻人是否应该主动为老年人让座的不同认知态度 B。由此可见，非理性或错误的认知态度是导致异常情感或行为的重要因素。

理性情绪治疗法包括非理性信念检查技巧和辩论技巧。非理性信念检查技巧是指护理人员对老年人的情绪、行为困扰背后的非理性信念的原因进行探寻和识别，具体的方法包括反映感受、角色扮演、冒险。反映感受是指让老年人具体描述自己的情绪行为以及各种感受，从而识别出这些感受背后的非理性信念。角色扮演是指让老年人重新体会特定场景中自己的情绪和行为，了解情绪和行为背后的非理性信念。冒险是指让老年人从事自己所担心或害怕的事情，从而使情绪行为背后的非理性信念呈现出来。非理性信念的辩论技巧是指护理人员对老年人产生情绪和行为困扰的非理性信念进行质疑和辨析的方法，包括辩论、理性思维、理性自我评价、去灾难化等。辩论是指护理人员指导老年人对自己的非理性信念的不合理地方进行自我质疑。理性思维是指护理人员帮

助老年人改变非理性的语言模式,从而形成理性的思维方式。例如,某老年人对某一极端信念的陈述是:"我应该并且一定要得到我想要的东西,这是我的权利。"与之相应的理性自我陈述是:"尽管我非常想得到某件东西,但是我只是有权利去争取,并不意味着我一定要得到,或别人一定要给我才行。"理性自我评价是指护理人员鼓励老年人放弃用外部的、他人的标准评价自己,逐渐消除非理性信念的影响。去灾难化则是护理人员指导老年人尽可能设想最坏的结果,引导老人直接面对原来担心或害怕的事件,从而使非理性信念显现出来。需要强调的是,在帮助老年人认识和明晰非理性信念及其所产生的危害后,护理人员要指导老年人运用理性的信念代替原来的非理性信念,逐渐建立理性的生活方式。

专栏 7-2

艾利斯的人性观

艾利斯从不合理信念中的"必须"出发,找出了他认为经常会导致情绪障碍的三种思维方式:(1)糟糕透顶;(2)我简直无法忍受;(3)不值得。艾利斯认为这三种思维方式都是从人们对事物绝对化的要求即"必须……"产生出来的,它常使人们陷入极端的消极情绪之中而难以自拔。理性情绪治疗采用的许多方法都是为了达到一个主要目标:培养更实际的生活哲学,减少当事人的情绪困扰与自我挫败的行为。

2. 认知行为干预法

认知行为干预法包括建立合作关系、提问—探索、有计划地改变、提高认知能力、积极的自我对话等技巧。建立合作关系是指护理人员依据理解、友好、共情等原则与老年人建立信任、平等的合作治疗关系,与老年人一起观察、认识其所存在的情绪、认知和行为问题,并共同设计和执行改善计划等。提问—探索是指通过对话式提问的方式调动老年人的自我探索能力,揭示其无效的思维方式和行为方式。有计划地改变是指按照设计好的改善计划,帮助老年人在日常生活中学习和提高适应能力。提高理性认知能力是指通过协助老年人辨认错误的认知、理性选择等,帮助他认识和改变无效的自动思考机制,提高理性认知的能力。积极的自我对话是指指导老年人坚持每天回顾并发现自己的优点,或是针对自己的消极思想提出积极的想法。例如,消极的想法"我从不知道应该如何跟子女沟通""我老了,人生没有希望了……",与之相应的积极的想法是"我能够把我所思考的事情向子女表述清楚""活到老学到老,学习会让我生活得更好……"

三、心理危机干预及其在老年人心理护理中的应用

心理危机是指由于突然遭受严重灾难、重大生活事件或精神压力,使生活状况发生明显的变化,尤其是出现了用现有的生活条件和经验难以克服的困

难,致使当事人陷于痛苦和不安状态,并伴有绝望、麻木不仁、焦虑,以及自主神经症状和行为障碍。心理危机干预便是针对处于心理危机状态的个人(包括老年人及其亲属)及时给予适当的心理援助,使之尽快摆脱困难。

(一)心理危机干预的内容和特点

1. 心理危机干预的内容

心理危机干预是指当个体因正常生活受到意外危险事件的破坏而处于身心混乱状态时,专业人员为其开展的一系列调适和治疗的具体工作方法。心理危机干预虽然没有完整系统的理论基础,但在不断吸收其他理论以及总结实践经验的基础上,形成了一套独有的心理干预思路。

老年人所面对的危机普遍具有以下四个方面的特征。

(1)阻碍老年人重要目标的实现,使得老年人的基本需要无法得到满足,如损害老年人的健康、威胁到老年人的生活安全、割断老年人的情感联系等。

(2)超出老年人的现有能力,老年人无法凭借以往的应对方式解决这类问题,不安和焦虑情绪加剧,并陷入不良情绪的恶性循环中。

(3)导致老年人出现心理失衡,处于心力交瘁的状态中。

(4)引发危机的是当前或近期发生的特殊事件,具有即时性和紧急性。

尽管每个人面对危机事件时的反应强度及持续时间不同,但一般来说,危机反应状态分为四个时期:危机发生初期——应激反应开始出现,负面情绪和焦虑水平急剧上升并影响到日常生活;不适期——创伤性应激反应导致生理和心理的不适,并严重影响老年人日常生活和社会适应;深化期——应激水平持续升高,以致出现抑郁、焦虑反应加剧的状态;激化期——可能会出现心理崩溃或被击垮的感觉,严重者会出现人格分裂、自杀及其他心理障碍。

当危机事件出现时,老年人会处于从未有过的负面情境之中,为了适应新的情境、重新获得心理平衡,就必须改变行为方式。一般情况下,与危机反应的四个时期相对应,个体的危机应对过程也分为四个阶段:一是危机发生阶段,在这一阶段随着危机事件的出现,个体的压力剧增,并开始尝试运用以往的经验来应对;二是混乱阶段,当老年人在第一阶段的尝试失败后,便会处于极度的情绪困扰中,认知和解决问题的能力下降,生活受到严重的阻碍,甚至导致家庭关系的紧张和破裂;三是应对阶段,在经过第二阶段的危机后,老年人开始尝试调整自己的行为,寻求应对危机的新方法和有效策略;四是恢复阶段,在这一阶段老年人重拾生活信心,恢复平衡的生活状态,重建家庭关系。但是需要指出的是,并不是所有的老年人在面对危机时都能够通过自身的努力顺利到达第四个阶段,大多数都需要借助心理危机干预服务来恢复生活状态的平衡。

2. 心理危机干预的特点

心理危机干预主要是围绕着危机事件展开的,由于危机状态会给老年人带来严重的损害,如果能及时地为其提供心理危机干预服务,帮助其调整因危机事件而引起的暂时的认知、情绪和行为的扭曲,就可以使其心理重新达到平衡。因此,迅速、有效便成为心理危机干预的关键,在具体实施过程中表现为以下几点。

（1）帮助个体整理自己的想法和感受，迅速了解和分析其所面对的主要问题。

（2）对危机可能引发的危险性做出快速判断，预防或减轻个体对自己的伤害。

（3）快速、有效地稳定个体的情绪，并与其建立相互信任的合作关系。

（4）及时、有效地协助个体解决当前所面临的问题。

（二）心理危机干预在老年人心理护理中的应用

1. 老年人常见心理危机临床表现

一般来说，引起老年人心理危机的主要原因包括突发严重疾病（残疾）、亲人突然亡故（配偶或子女）、重大财产或住房损失、严重自然灾害等。当面对这些危机时，老年人会出现焦虑、痛苦、愤怒、自责、退缩或抑郁等情绪和行为问题。

突发严重疾病时，因疾病的性质不同，老年人的心理反应也会有所不同。在面对急性疾病时，老年人的心理反应如下：一是焦虑，老年人会感到紧张、忧虑、不安，严重者并发自主神经症状，如眩晕、心悸、血压升高、心率加快、面色潮红或发白等；二是恐惧，老年人对自身疾病感到担心和疑虑，重者惊恐不安；三是抑郁，心理压力可导致老年人情绪低落、悲观绝望、言语减少、不愿与人交往、不思饮食，严重者出现自杀观念或行为。在面对慢性疾病时，老年人的心理反应表现为：一是抑郁，多数老年人会出现心情抑郁沮丧、悲观厌世，甚至产生自杀的念头或行为；二是性格改变，例如总是责怪别人、挑剔，常因小事勃然大怒，对躯体微小变化颇为敏感，常提出过高的治疗或照顾要求，并导致医患关系及家庭内人际关系紧张或恶化。

在面对亲人亡故事件时，与亡故者关系越密切，老年人应激反应就越严重。猝死或是意外亡故所引起的悲伤反应最重。应激反应一般分为以下三个阶段。

（1）急性反应阶段：在听到噩耗后陷于极度痛苦，严重者情感麻木或昏厥，也可能出现呼吸困难或窒息感，或痛不欲生，或处于极度的激动状态。

（2）悲伤反应阶段：在居丧期出现焦虑、抑郁、自责或有罪，难以坚持日常活动，常伴有疲乏、失眠症状，严重抑郁者可能产生自杀企图或行为。

（3）病理性居丧反应阶段：悲伤或抑郁情绪持续六个月以上，有明显的激动或迟钝性抑郁，自杀企图持续存在，可能出现幻觉、妄想、情感淡漠、行为草率或不负责任等。

在面对经济损失事件时，老年人往往会陷入极度痛苦、愤怒、懊悔、自责等情绪，万念俱灰，严重者会出现自杀行为。

如何识别处于心理危机中需要帮助的人

以下情况是心理压力超过应对能力的征兆，线索越多且持续时间越长的人就越需要帮助。

1. 表露出痛苦、抑郁、无望或无价值感。
2. 易激惹,过分依赖,持续悲伤或焦虑。
3. 注意力不集中、行动水平下降。
4. 孤僻、人际交往明显减少。
5. 无故生气或与人敌对。
6. 酒精或毒品用量增加。
7. 行为混乱或古怪。
8. 睡眠、饮食和体重明显增减,过度疲劳,健康及卫生状况下降。
9. 透露出无望、愤怒、绝望或者死亡暗示。
10. 任何书面或口头表达都透露出自杀倾向。

2. 心理危机干预服务

在老年人心理护理服务中,提供心理危机干预的目标是:① 防止老年人在面对危机事件时出现过激行为,如自伤、自杀或攻击行为等;② 促进交流,鼓励老年人充分表达自己的思想和情感,引导他们树立自信和正确地自我评价,给出适当的建议,促进问题的解决;③ 为处于严重危机状态下的老年人提供适当的医学护理和心理帮助,以最大限度地减轻其痛苦。运用心理危机干预法为老年人提供心理护理服务时,可使用相对直接和有效的干预方法来处理危机,其中危机干预六步法被广泛采用。

(1) 确定问题。从身处危机的老年人的立场出发探索和定义其所遇到的问题,使用积极倾听技术,既注意老年人的语言信息,也注意其非语言信息。

(2) 保证安全。将老年人的安全作为首要服务目标,对老年人的健康和心理安全、危险程度等状况做出评估,并采取及时的措施将老年人的生理和心理危险性降低到最低水平。

(3) 提供支持。通过沟通和交流向老年人传达关心、尊重和支持,使老年人知道护理人员是完全可以信任并且能够给予其关心和帮助的人。

(4) 检查替代解决方法。与老年人一起讨论他可以采用的解决方法,支持老年人积极寻找可以获得的环境支持、可以利用的应付方式,促进老人形成积极的思维方式。

(5) 制订服务计划。为老年人制订心理护理服务计划,并向老年人解释说明。服务计划的重点在于稳定老年人的情绪,缓解老年人的压力,协助老年人恢复自主能力。

(6) 得到承诺。让老年人复述所制订的计划,并从老年人那里得到明确按计划行事的保证。

心理危机干预的最低目标是在心理上帮助老年人解决危机,使其至少恢复到危机前的水平,因此在为处于心理危机状态的老人提供心理护理服务时,必须遵循以下六项原则:及时处理、限定目标、给予希望、提供支持、恢复自尊、培养自主能力。

专栏 7-4

投 资 骗 局

大学教授老许退休后经朋友介绍接触到一家养老投资公司,起初老许只是和朋友参加了几次该公司组织的旅游活动,觉得该公司组织的活动不仅便宜而且品质也不错,便对该公司留下了不错的印象。去年过年前该公司组织公司年会,业务员小刘邀请老许参加,并说这次年会公司特别邀请了二十多位和老许一样有文化、有声望的老教授和老干部参加,公司希望这些老人参加年会能为公司增加文化气息。年会后小刘又亲自上门给老许和其他参加年会的老人送了许多年货,说是感谢老人们的支持。这一系列的服务让老许对该公司的好感日益增加。过完年后,小刘打电话给老许,说公司计划年内上市,上市前公司要给内部员工进行配股,自己刚工作,手头没有那么多钱,买不了那么多股份,所以想把公司分配给自己的一部分股份拿出来分给老许和其他几位熟悉的老人,问老许有没有兴趣。老许放下电话后想了想,觉得这个公司有实力、服务又好,加上小刘介绍说公司提出凡是持有内部员工股的投资者,可以每年额外拿到公司投资养老项目3%的年息分红,而且还可以根据投资金额让老人免费入住公司的养老床位。于是老许先后六次把自己的养老积蓄共计106万元全部投了进去。可是半年后,老许却发现再也联系不到业务员小刘了,他和其他一同受骗的老人到曾经去过的公司总部查访,也发现该公司早已人去楼空。自案发后老许常常发呆、精神恍惚,而且总是自言自语:"我所有的积蓄都投了,后面的日子可怎么过啊……"

思考: 1. 老许当前处于危机发展的哪个阶段?
         2. 结合所学知识,为老许制订一个简单的心理危机干预服务计划。

任务二 掌握老年人心理护理的一般程序与常用的沟通技巧

老年人心理护理服务过程是护理人员与老年人的双向互动过程,在这个过程中,护理人员运用专业的心理护理方法和技巧,对老年人的心理困扰进行评估,明确老年人的真实心理需求,帮助老年人走出困境,参与社会生活。与此同时,老年人也将自己的意识、需求和对护理人员所提供的护理服务的理解带入接受服务的过程中,并对护理服务的过程和结果产生影响。

一、老年人心理护理的一般程序

老年人心理护理的程序,可以按照工作内容分为不同的阶段,具体来说可以分为资料收集、评估与诊断、制订心理护理计划、开展心理护理服务、服务效果评估五个阶段。这五个阶段中,每个阶段都有特定的工作任务和工作重点,同时各个阶段之间又相互衔接、相互影响,形成一个完整的服务过程。

(一)资料收集

1. 建立关系

建立关系是指护理人员与老年人从初次接触起,便需要建立相互信任的专业关系。在这一过程中,护理人员应专注地聆听老年人诉说自己的困扰,把自己放在老年人的位置上体会他所面对的压力,并通过积极主动的态度和友善的行为,减轻老年人的紧张和不安,让老年人感受到护理人员对自己的理解和接纳。

2. 资料收集

在收集资料时,既要关注老年人的个人情况,又要关注其所处的环境(包括家庭、社区等),要把老年人放在特定的环境中,观察其与环境的互动状况。老年人的个人情况包括身体健康状况、心理健康水平和社会发展状况;环境资料包括老年人所处的家庭、社区、同辈群体的相关情况,以及老年人与其他人的互动状况。因此,收集的资料基本内容包括以下几个方面。

(1) 基本信息:姓名、性别、年龄、健康状况、退休前职业、经济状况、受教育状况、自理能力、婚姻状况、现住址、邻里关系状况等。

(2) 生活状况:居住条件、日常活动内容、日常活动场所、生活方式和习惯、近期生活方式有无重大改变等。

(3) 家庭状况:婚姻关系状况、家庭生活中有无重大事件发生、家庭成员构成、老年人对家庭成员的看法、家庭成员在日常生活中的分工、老年人在家庭生活中的角色、家庭中发生的重要事件和原因等。

(4) 以往职业生涯评价:对自己从事过的工作的态度、兴趣和满意程度以及对曾经同事关系的评价等。

(5) 社会交往状况:社会交往、兴趣和活动的主要内容、与老年人交往密切的人员、社会交往的影响、参加集体活动的态度和满意度、曾感到最愉快的活动、对愉快情绪体验的描述等。

(6) 自我描述:自我整体描述以及描述自己优缺点时的用词、表情、语调等。

(7) 其他:价值观、人生理想(包括付诸的行动)、对未来的看法、情绪稳定性等。

除以上七个方面的资料外,还可以针对老年人的早期社会生活经历、家族病史、对健康状况的心理反应及心理需求,以及老年人所谈及的其他相关资料进行收集。

3. 资料收集的方法

常见的资料收集的方法包括会谈法、观察法、运用现有资料等。与老年人及其亲属进行会谈是资料收集的有效方法之一,包括自我陈述和对答方式。自我陈述即护理人员请老年人按照自己喜欢的方式讲述自己的故事和情况,从而将其内心感受和主观经验充分呈现出来;对答方式即护理人员与老年人采用严格的一问一答的方式来获取资料。

观察法常用于涉及人与人之间互动交流或者与老年人生活场景密切相关

的资料的收集,包括参与式观察和非参与观察。参与式观察是指护理人员在观察过程中直接参与到老年人的生活中去,与被观察对象进行直接的交流和互动,以更好地收集被观察对象内心的想法和感受方面的资料;非参与观察是指护理人员在观察过程中不直接参与老年人的生活,仅依赖观察和分析来了解老年人与周围他人的沟通和互动方式等方面的资料。

现有资料的运用是对一些已经有记录的资料进行查阅和收集,包括文献记录和实物。文献记录是指有关老年人日常生活状况的文字记录,如健康证明、就医记录、社区活动记录等,这些是深入了解老年人日常生活状况的重要资料;实物是指老年人与周围环境互动过程中留下的,能够呈现老年人生活状况的资料,如生活用品、照片和影像、老物件等,通过观察和分析这些资料,可以了解老年人的内心状况。

(二)评估与诊断

1. 评估

评估是指在前期资料收集的基础之上,借助相关心理测评工具,如人格量表、情绪量表、生活事件量表(详见附录3)等,对老年人某一心理现象作全面、系统和深入的客观描述的过程。在这一过程中,护理人员需配合专业心理工作者,对老年人的心理困扰及其形成原因和发展变化过程进行分析,整理出老年人心理困扰形成和变化的逻辑关系。分析工作主要从横向和纵向两个方面进行:横向分析就是从生理、心理和社会三个层面,对老年人心理困扰形成的影响因素进行分析;纵向分析是对老年人心理困扰发展变化的过程,包括困扰是从什么时候开始的,其中经历了哪些重要的影响事件,以及老年人本人或其他人曾经做过什么样的努力等因素进行分析。

2. 诊断

需要特别指出的是,诊断是在完成对老年人心理的评估之后,由护理人员配合专业心理工作者完成的。因此,护理人员只需了解诊断的相关内容,包括以下几个方面。

(1)明确老年人心理困扰。

(2)了解老年人心理困扰形成的主要原因及影响因素。

(3)明确老年人所拥有的优势和劣势资源(包括老年人自身、家庭等方面的资源)。

(4)了解心理护理服务所需涉及的重点内容。

(三)制订心理护理计划

在配合专业心理工作者完成评估与诊断工作,并详细了解相关内容后,心理护理人员须列出心理护理重点项目,并制订适合老年人需求的心理护理计划。心理护理计划包括以下内容。

(1)老年人的基本信息。

(2)老年人心理困扰的评估与诊断结果。

(3)心理护理服务的目标,包括总体目标和每个阶段的子目标。

(4)心理护理服务实施的基本阶段、采用的主要护理方法、预期成效。

（5）开展心理护理服务的期限，包括每个阶段的护理服务期限和总的护理服务期限。

在制订心理护理计划时，心理护理服务目标和内容应有明确的针对性，要确定心理护理计划是针对老年人当前明显表现出来的心理问题还是针对老年人潜在的心理问题。

(四) 开展心理护理服务

1. 主要任务

护理人员要对老年人心理护理有正确的认识，树立七个不等于意识，即老年人心理护理不等于心理治疗、不等于生活咨询、不等于普通的社交谈话、不等于逻辑分析和推理、不等于交朋友、不等于给予老年人心理安慰、不等于代替老年人解决难题。[①] 心理护理的任务就是根据老年人的心理活动规律和反应特点，针对老年人的心理活动，采取一系列心理护理措施，去影响老年人的感受和认识，改变其不良心理状态和行为，帮助老年人适应新的社会生活。在实施心理护理时，护理人员需要获得老年人的密切配合，除了要主动与老年人沟通并得到其充分的信任以外，还应在充分了解老年人个性特征的基础上，尽可能采用他们最容易接受的实施方式，制定心理护理目标。例如，对自主性较强的老人，心理护理的重点可以放在调动他们的内在潜力，强化他们对问题和压力的心理承受能力，帮助他们掌握一些积极的心理自我调整方法上；对自主性较弱的老年人，鉴于其个性特质中对刺激敏感、反应强烈且难以排遣等倾向，实施心理护理时则应较多地考虑如何协助老年人控制其周围的干扰因素，尽可能减少消极因素的影响，这样才能使老年人对心理护理的实施产生较强共鸣，从而密切合作，切实提高心理护理的针对性和有效性。此外，在心理护理过程中，必须充分考虑如何调动老年人的内在积极性，把心理护理目标与老年人的心理需求有机地联系在一起。

2. 开展心理护理服务的原则

开展心理护理服务的过程中，护理人员应面对不断变化的工作处境，并根据老年人的具体状况，采用不同的策略和方法。尽管没有统一的、标准化的心理护理流程，但心理护理过程中，护理人员必须遵循以下几个原则。

（1）真诚原则。心理护理是以良好的人际关系与人际交往为基础的，护理人员在为老年人提供心理护理服务的过程中，应通过与老年人的真诚交流和沟通，让老年人感受到被尊重、被接纳和被关怀的信息，从而增进与老年人的情感和信任关系，以有利于心理护理服务的顺利进行。

（2）服务性原则。心理护理同普通护理工作一样具有服务性的特点，护理人员在为老年人提供心理护理服务的过程中，应以老年人的需求为本，为其提供专业的服务，以满足老年人的心理需要。

---

① 张秋霞,刘慧茹,李杉,李雪,刘丽苇. 心理护理理解的误区[J]. 华北煤炭医学院学报,2009(6):795.

(3) 个别化原则。心理护理没有统一的模式，护理人员在为老年人提供心理护理服务时，应当根据不同老年人在不同心理困扰阶段所出现的不同状态，有针对性地提供护理服务，做到因人而异，因状而异。

(4) 启发性原则。心理护理服务的过程是护理人员与老年人双向互动的过程，服务的效果不仅取决于护理人员所具备的专业知识、方法和技巧，更取决于老年人在这一过程中的主动性，因此在为老年人提供心理护理服务时，护理人员应当运用心理护理的专业方法和技巧，改变老年人的认知水平和消极的价值判断，启发并引导老年人对自己和外部客观事物做出理性、客观的认识、理解和评价。

（五）服务效果评估

服务效果评估是指对心理护理服务是否达到预期效果的检验，通过列出接受心理护理服务后老年人的反应，再将反应与原来制定的护理目标进行比较，以确定服务是否达到计划目标，并在此基础上对老年人的心理状况重新进行评估。评估的内容包括以下几个方面。

(1) 老年人心理状况的改变，包括：哪些方面得到了改善？改善的程度如何？哪些方面没有得到改善？

(2) 心理护理目标的实现程度，包括：哪些护理服务目标实现了？实现的程度如何？哪些目标没有实现？

一般来说，在心理护理服务结束之后，护理人员还需要根据老年人在接受心理护理后的具体情况安排跟进服务，以帮助老年人巩固前期心理护理的效果。

二、老年人心理护理中常用的沟通技巧

心理护理中常用的沟通技巧有很多，根据不同目的和作用，可以分为支持性技巧、引导性技巧和影响性技巧。

（一）支持性技巧

支持性技巧是护理人员借助口头语言和身体语言，让老年人感受到被理解、被接纳的一系列服务技巧。在这一过程中，护理人员要尽可能地站在老年人的立场，去体会老年人所感受到的压力和困难，这样才能够真正建立与老年人的良好沟通关系。支持性技巧主要包括专注、倾听、共情、鼓励等。

1. 专注

专注是指护理人员借助友好的表情、身体姿态和视线接触以及专心的态度，关注老年人的表达。例如保持视线的交流，身体前倾以及真诚的表情等，让老年人感受到护理人员的关心、尊重和关注。

2. 倾听

倾听是指护理人员用心聆听老年人传达的信息，理解老年人的感受。倾听并不仅仅是用耳朵听老年人的语言表达，还要用眼睛观察、用心感受老年人的非语言表达。倾听也不仅仅是"听到"，更意味着"听懂"，即不仅能了解老年人所表达的表层含义，更能理解老年人表达的潜在内容及意义。

3. 共情

共情也叫同理心、感同身受，是指护理人员能设身处地地体会老年人的内心感受，理解老年人的想法和要求。共情分为初级共情（表层次）和高级共情（深层次）两个层面，初级共情是指护理人员站在老年人的角度去理解，了解对方的信息，听明白他在说什么。高级共情是指护理人员不仅可以从老年人的立场来思考问题，而且能站在老年人的立场来感受这件事所带来的情绪体验，并在沟通交流中自觉地把这种体验用语言或非语言方式传递给老年人。例如安抚老年人的肩膀，握紧老年人的手，或是向老年人回应："我能感受到您的……""我能理解您当时的心理感受……"

4. 鼓励

鼓励是指护理人员综合运用语言、表情、肢体等形式给老年人以正向的表扬、支持，肯定对方的积极表现。运用鼓励可以协助老年人发现自己的能力、优点和特别之处。在服务过程中运用鼓励技巧时，表达不应太宽泛，而应具体化。诸如"您很棒""您很不错"，这样的表达在老年人听来并没有什么特别，相反，如果鼓励时能够具体化为"王伯伯，您这次的情绪控制比上次好很多……""赵阿姨，您今天谈的内容很有条理……"则更有效。

（二）引导性技巧

引导性技巧是指护理人员主动引导老年人探索自己过往经验的一组沟通技巧，包括澄清、对焦、开放式提问、摘要等。

1. 澄清

澄清是指护理人员引导老年人重新整理模糊不清的经验和感受。澄清不仅仅是一个简单的将未明确的信息转化为清楚、具体的信息的过程，也是护理人员进一步明确老年人的想法、感受其所经历的情境的过程，更是协助老年人进行自我探索，明确其想要表达的问题、处境的过程。在具体的实施中，护理人员对老年人模糊不清的陈述可以做如下回应："您的意思是……对吗？""我想您刚才说的是……是吗？"

2. 对焦

对焦是指将游离的话题、过大的谈论范围，或同时出现的多个话题收窄，找出中心议题并对其进行讨论。对焦可以使谈话减少跑题、多头绪的干扰，使谈话者能够集中在相关主题上进行深入、具体的讨论。但护理人员在运用对焦技巧时应注意与鼓励技巧的冲突，鼓励的目的是让老年人多说话、尽量表达自己，这就免不了出现谈话漫无边际的情况，对焦技巧的运用要考虑偏离主题的程度及所持续的时间，然后再决定在恰当的时机进行对焦。

3. 开放式提问

开放式提问是在涉及一些模糊信息，或需要更进一步了解老年人的需要、动机、情感等详细情况，并需要老年人给予详细的解释、说明、作答的情况下采用的一种技巧。护理人员通常以"什么""怎么""能不能"等作为引导短语提出。例如："在第一次出现这种情况时，发生了什么事情？当时您有什么反应？""当时您是怎么应对的？""您怎么看这件事情？""您愿意描述一下……吗？""您能再

说一些细节吗?"

4. 摘要

摘要是指护理人员把老年人过长的谈话或在不同情境中所表达的内容进行整理、概括和归纳,并作简要摘述。摘要技术的运用,可以帮助老年人理清混乱的思路,突出主要的想法、感受、行为、经验,促进老年人对自己有较清晰的了解。此外,护理人员在做完摘要后,还应向老年人征询摘要是否准确。例如:"您刚才说的是不是……这几个方面的意思?""我想您刚才的意思是……对吗?""您想说的是……对吗?您还有要补充的吗?"

(三)影响性技巧

影响性技巧是指护理人员通过影响老年人,使其从新的角度和层面理解问题或采取措施解决问题的技巧。影响性技巧主要有提供信息、自我表露、建议和面质等。

1. 提供信息

护理人员基于专业特长和经验,向老年人提供所需要的知识、观念、技术等方面的信息,帮助老年人改正已存在的错误信息、错误观念。护理人员在为老年人提供信息前,首先要了解老年人的知识背景、认知方式、价值观以及对新信息、新事物的敏感性和接纳能力,选择适当的方式提供信息。

2. 自我表露

自我表露是指护理人员在心理护理服务过程中,有选择地向老年人袒露自己的亲身经验、处事方法和态度等,为老年人提供参考。自我表露可以引导老年人从新的角度去思考、认识和理解问题,或参考别人的方法解决自己的问题;自我表露还可以为老年人树立坦诚沟通的榜样,促进沟通,拉近护理人员与老年人的心理距离,有利于发展融洽的护理关系。在运用自我表露技巧时,为了避免给老年人形成心理压力,护理人员可以强调:"这是我个人的经验。"

3. 建议

在心理护理服务过程中,通过与老年人的充分沟通和对老年人的深入了解,根据老年人的具体情况,护理人员可以发展出一些具体的帮助老年人改善困扰的建设性意见。但护理人员需要注意的是,如何向老年人提出这些建议比改善困扰的方法本身更为重要。在提出建议的同时,护理人员要重点考虑如何让老年人感受到被尊重,如何避免老年人的反感情绪,以及如何引导老年人主动接受这些建议等。护理人员可以借鉴的表达有:"咱们的交流让我深受启发,我有几点想法您看是否可行?""我有几个小建议,您看是否适合您的情况?"

4. 面质

面质又称质疑、对质、对峙、对抗,是指在心理护理服务过程中,护理人员指出老年人存在的矛盾。须强调的是,面质的目的并不是指出错误,向老年人说明他说错了什么话或做错了什么事,而是指出老年人的行为、经验、情感等存在不一致的情况,通过反射矛盾,引导老年人正视自己言行中的不一致之处,促使老年人放下自己的防卫心理、掩饰心理,面对真实的自己。通过面质,护理人员可以直接发问或提出疑义等,帮助老年人认识到自己对人和事的理解及要求与现实的差距,促使老年人进行反思,认识到自己原有认知方式与思维方法中存在的误区,消除认知方式中的某些片面性与主观性。例如,护理人员可以提出这样的疑问:"我不知道我是否误会了您的意思,您上次说……可刚才您的意思却是……不知哪一种情况更确切?"

生活中的老年人由于在先天素质、后天教育、个人成长环境、人生经验、生活方式、所处社会的文化背景、经济状况、个人主观能动性等方面存在差异,形成了自己独特的个性、认知、价值观、行为方式以及不同的需要与动机,因此在为老年人提供心理护理服务时,护理人员需要根据老年人的具体情况和具体问题,灵活运用沟通技巧。

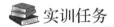 **实训任务**

理性情绪治疗法在偏执老人心理护理服务中的运用

1. 训练目的
 (1) 熟悉偏执老人的特点及问题形成的原因。
 (2) 掌握理性情绪治疗法的内容及基本方法。
 (3) 掌握老年人心理护理的一般程序与通用技巧。

2. 训练准备
 (1) 环境准备。环境安静、整洁以及光源可调节、通风良好的心理护理实训室。
 (2) 用具准备。配有白板、马克笔、可活动桌椅的教室,可播放松弛音乐和指令、进行示范和模仿的音响设备,舒适的躺椅,影像录制设备。
 (3) 学生准备。观察生活中偏执个性的老年人,熟悉本模块及模块三中偏执老年人的相关知识点。

3. 操作示范
 通过视频播放或教师演示,示范完整的老年人心理护理服务方案设计及实施过程。
 (1) 对偏执老人的观察、评估的内容与诊断依据。
 (2) 对偏执老人的服务方案设计示范。
 (3) 为偏执老人提供心理护理服务过程中的重点注意事项及技巧示范。

4. 学生练习
 (1) 将学生分为5人一组,观察生活中存在偏执问题的老年人个案。
 (2) 针对所观察老年人个案,制订完整的问题评估、诊断及服务方案。
 (3) 通过角色扮演展示偏执老人的心理护理服务过程,并将展示过程录下来。
 (4) 请本小组以外的其他同学观摩并提出问题和建议。

5. 效果评价
 (1) 学习态度。是否以认真的态度对待训练?

(2) 技能掌握。是否能将所学的理论知识与实训有机结合,心理护理服务是否有计划、步骤清楚、过程完整地完成实训?

(3) 职业情感。是否理解老年人心理护理工作的意义?

(4) 团队精神。在实训过程中,小组成员是否团结协作,积极参与,提出建议?

思考题

1. 简述老年人心理护理的一般程序。
2. 简述心理社会治疗法和认知行为治疗法的差别。
3. 简述老年人心理危机干预服务的目标和步骤。

模块八
护理人员的心理健康与维护

学习目标

1. 了解护理人员常见的角色及心理特征。
2. 了解影响护理人员的心理健康的因素。
3. 掌握护理人员应对心理压力的策略。
4. 掌握护理人员心理健康的维护方法。

- 任务一　了解护理人员的心理健康特征及影响因素
- 任务二　掌握维护护理人员心理健康的策略和方法

模块八　护理人员的心理健康与维护

情境导入

陪伴"老小孩",有苦也有甜

24岁的王红梅和21岁的崔红菲是工作中的搭档,她们都是职业学院智慧健康养老服务与管理专业的毕业生。在养老驿站做护理员是她俩的第一份工作。她们每天给老人洗脚、按摩,安排"小饭桌",照顾老人吃饭,陪老人读书看报,帮老人跑腿买东西……养老驿站里都是些琐碎的杂活,两个小姑娘整天忙得脚打后脑勺。当初选择这个专业的时候,她们以为一毕业就会在养老驿站做管理工作,没有想过还要在老人身边做"保姆"。

问题讨论:
1. 案例中的护理人员承担了什么样的角色?
2. 你认为护理人员产生各种心理困境的原因是什么?
3. 试分析如何维护护理人员的心理健康。

任务一　了解护理人员的心理健康特征及影响因素

心理健康是现代人健康概念中不可分割的重要方面,它是指个体所具有的一种持续且积极的心理状态,在这种状态下个体可以充分发挥其身心潜能,对社会环境做出良好的适应。当前,我国老年人口比例不断上升,人口老龄化程度进一步加深,养老服务需求也在不断发生变化,国家和社会对老年人照护服务质量提出了更高的要求。护理人员作为维护老年人健康的特殊职业群体,其心理健康状况直接关系到老年人的照护服务质量。

一、护理人员的角色及心理特征

(一)护理人员的角色认知

护理人员是指对老年人进行生活照料、功能维护及康复促进护理的服务人员。从广义上讲,护理人员不仅包括医院的老年专业护士、社区机构的专业养老护理员,还包括老年人家庭护理人员,如亲属、保姆等。从狭义上讲,护理人员主要指为老年人提供照护服务的人员。本模块将从狭义角度的概念出发,介绍护理人员的心理健康与维护。

护理人员对自己的角色认知与老年人的身心健康息息相关。作为与老年人接触较多的人,护理人员的一言一行都会影响老年人的情绪感受,可能引起老年人复杂的心理反应,影响老年人的身心健康。因此,准确的角色认知对护理人员来说非常重要。

1. 角色理论

角色理论认为角色是一个抽象的概念,是对社会生活中人与人之间的社会关系的反映。对个体的角色分析涉及角色认知、角色期待、角色学习三个方面的内容。

(1) 角色认知。角色认知是指角色扮演者对角色的社会地位、作用及行为规范的实际认识和与社会其他角色关系的认识。无论是在家庭、单位、社会,还是在某个社会群体,每个人都扮演着一定的角色。在养老院中,年迈的老人通过与护理人员、医生、其他住院老人之间的互动,逐渐了解并认识自己在不同的互动关系中所扮演的角色,如医生的病人、护理人员的照顾对象、其他老人的支持者和帮助者等。只有在角色认知十分清晰的情况下,人们才能扮演好自己的角色。对护理人员来说,准确的职业角色认知要求其做到:知道自己的具体工作职责及其后果;知道不同的任务和期望之间的优先顺序;知道完成任务的首选方法等。

(2) 角色期待。社会对处在某一社会位置上的角色都有一定的要求,为他们规定了行为规范和要求,这就是社会对个人社会角色的期望,我们称之为角色期待。角色期待的内容是在社会生活的长期发展中形成的,它规范和约束了角色扮演者的行为,以保证社会生活中的每一个人有序地行动。从个人的角度看,每个人只有按角色期待行事,才能保证他对社会的适应,他才会得到社会的认可和称赞。同理,护理人员的角色行为是否符合社会文化的要求、是否适应社会,要看他在多大程度上理解并遵从了角色期待。

大学生的苦恼

一位刚大学毕业走上工作岗位的养老护理员还没有从学生的角色转变过来,工作闲暇时间总是和同事们在一起玩闹,大声喧哗。最初,一些老年人还觉得这个护理员活泼可爱,但后来则认为他没达到护理人员的标准,平时也不愿意让他护理,他的领导也觉得他的举止不符合护理人员的身份。这使他很苦恼。

思考:结合案例谈谈你对护理人员的角色期待的理解。

角色期待并不像法则规范那样具有强制性,它是在一定社会群体中约定俗成的,由公众舆论来监督执行,只有符合角色期待的行为,才会受到公众舆论的赞许,而行为者才会心安理得。角色期待的内容并不是固定不变的,随着时代的发展,人们对某个角色的看法会发生变化。如社会或团体对同一角色有不同的期待,则扮演同一角色的不同个体会在行为上产生差异。同理,如果同一个体收到对其所担任的同一角色的不同期待,则会产生角色混乱的矛盾和感受。此外,由于角色期待具有时代性,因此不能将其绝对化,而要从发展的角度去看待角色期待,调节自己的角色行为。从事老年人护理工作的人员在以前被认为是"保姆",而今则是"养老护理员"或"养老健康顾问"。工作理念也从曾经的"伺候老年人吃喝拉撒"理念逐渐转变为"全身心的专业照护"理念。

(3) 角色学习。角色学习是指个体在特定的社会情境和社会互动中,掌握角色的权利义务、行为规范、态度情感和知识技能的过程。美国社会心理学家米德认为,人的角色学习经历了三个过程。首先是由模仿到认知的过程。儿童最初的角色学习是在玩耍中通过角色扮演进行模仿学习的,然后才逐渐了解社会中的各种角色,从而从模仿过渡到对角色的认知。其次是由自发到自觉的过程。个人的一些角色是生来就有的,如性别角色,人们在不知不觉中逐渐承担和认同了这些角色,但作为社会角色的主体则是在社会的影响和教育下通过自觉的学习而获得的。最后是由整体到部分的过程。个体对角色的认知最初也是从它的整体轮廓开始掌握的,随着学习的深入,个体开始学习角色各个部分的具体内容,进而才能把习得的各部分内容有机地结合起来,完成角色学习的任务。

角色学习的内容包括两个方面:一是学习角色的权利义务和行为规范。权利义务和行为规范是由社会分工和其他社会因素诸如传统行为模式、伦理道德、社会公德等规定的,不是以角色承担者的意志为转移的。对护理人员来说,扮演好一种符合社会期望的角色,就必须掌握社会规定的该角色的权利义务和行为规范。二是学习角色的态度情感。态度情感主要受角色扮演者个人的价值观、政治立场、文化水平以及个人兴趣支配或影响。不同的护理人员会因为对自己的角色的理解不同,其角色态度和角色情感也会出现很大的差异,从而影响其护理行为。

2. 角色失衡

(1) 角色冲突。角色冲突是指不同角色承担者之间的冲突。常见的角色冲突是由于角色利益上的对立、角色期望的差别以及人们没有按照角色规范行事等原因引起的。在养老机构中存在着老人、家属、医生、护理人员等角色,如果关系处理不当,容易发生角色间的冲突。角色内冲突,是指同一个角色,由于社会上人们对于他的期望与要求的不一致,或者角色承担者对这个角色的理解的不一致,而在角色承担者的内心产生的一种矛盾与冲突。角色内冲突往往是由角色自身所包含的矛盾造成的,表现为当一个人处在犯罪的边缘,思想上会经过激烈的斗争,这时两种对立性质的规范和要求会通过行为者内心的冲突较量,最终决定按照哪一种角色行为模式而实施行动。①

护理人员在一定程度上接受了传统的角色分工原则和传统的性别角色观念,而角色的不断变化,使护理人员经常陷入角色冲突之中,并产生一些消极的人格心态,主要表现为依赖心理、成就动机不强、自卑心理和意志薄弱等。

(2) 角色不清。角色不清是指个体对自己扮演的角色认识不清楚,或者公众对社会变迁期间出现的新角色认识不清,还没有形成对这一新角色的社会期待。例如,对护理工作的职能范围不清楚,往往会导致护理人员在角色不清时产生应激反应与不满足感。

(3) 角色中断。角色中断是常见的角色失衡之一。在角色变迁中,一个人原先的某一社会身份消失,或被新的角色所取代,都称为角色中断,即一个人先

---

① 肖旭. 角色冲突的协调及角色适应的基本原则[J]. 四川心理科学, 2001(4): 4-5.

后相继承担的两种角色之间发生了矛盾的现象。这种角色中断,有时是短暂的,有时是永久性的,这种永久性的角色中断也称为角色丧失。由于各种原因使得护理人员的角色扮演发生中途间断,不能或不情愿进入护理人员角色。此时,护理人员表现为不顾工作职责要求而对老年人照护不充分或不重视,影响服务质量。

(4) 角色失败。角色失败是最严重的角色失衡,又称"角色崩溃",是在社会角色扮演中发生的一种极为严重的角色失衡现象。它是由于多种原因导致行为主体无法按照既定的角色要求行事,以至于不得不半途终止角色行为;或者虽未退出角色行为,但是在具体的行动过程中表现得困难重重,每前进一步都将遇到更大的困难。这种现象在护理人员身上时有发生。已进入护理人员角色的个体,可能会因环境压力、岗位压力或感情等因素,而退出护理人员角色。

(5) 角色过度。护理人员由于适应了养老照护工作,对生活中的任何事情和任何操作都严格地按照工作程序处理,所以形成了自己的既定行为模式。在这种惯性心理模式的作用下,护理人员会抗拒离开已形成的心理舒适区,对自己所承担的其他社会角色恐慌不安,内心抵触并不愿重返社会环境,满足于现在已适应的生活模式与环境。这种情况会造成护理人员心理闭塞和人际交往障碍等问题。

(二) 传统护理人员的角色及角色心理

1. "保姆"形象

传统概念中一提及护理人员,人们脑海里一般会浮现两种形象,即"保姆"和"家庭主妇"。人们认为他们的劳动属于简单的体力劳动,不需要技能,在社会职业分工中处于弱势地位。实际上,现代老年护理已不再是简单的传统意义上的保姆工作,而是对工作技能要求较高的一项复杂的、综合的服务工作,所以对护理人员的培训已成为养老服务的一个基本要求,也是提高老年人服务质量、服务技能的必要内容。

2. "照护者"形象

照护者提供的服务主要包括以下两种。

一是生活照料服务。生活照料服务的基本内容包括:① 助餐服务,包括注重老年人的饮食生活习惯、注意营养、合理配餐等;② 起居服务,包括定时帮助卧床老年人起床、翻身、如厕、防止褥疮等;③ 助浴服务,并且根据四季气候情况和老年人的居住条件,做好防寒保暖、防暑降温和室内通风等;④ 卫生清理服务,包括协助老年人整洁容貌、适度衣着、定期清洗、更换床单和衣物、定时打扫室内外卫生等;⑤ 代办服务,包括按照老人的要求及时代办各种手续、代缴各种费用等。

二是医疗保健服务。医疗保健服务的基本内容包括:① 预防保健服务,根据老年人的需求制订有针对性的预防方案,预防方案要求简明扼要、通俗易懂,便于老年人掌握预防老年病的基本知识并进行基础性的防治;② 医疗协助服务,协助开展医疗辅助性工作,能正确测量血压、体温,遵照医嘱及时提醒和监督老年人按时服药,或陪同老年人就医等。

(三) 现代护理人员的角色特征

1. 健康促进者

根据世界卫生组织提出的"21世纪人人享有卫生保健"[①]的全球卫生战略,对护理人员职业的发展提出了更高的要求:护理人员不仅要帮助老年人恢复健康,而且要使其他人保持健康。护理人员的服务对象不局限于医院里的老年人,要更多地面向整个人类社会。通过社区组织老年医学预防工作,展开老年公共卫生护理。护理人员的足迹要遍布医院、家庭、社区,大量的健康保健均由护理人员承担。护理人员角色的未来形象,将以更加理想的模式展现在世人面前。护理人员能系统地应用生物学、建筑学、美学、心理学等专业知识和技能,学会设计、美化、营造有益于人们身心健康的社会环境和物理环境,全方位地为老年人提供温馨舒适的生活环境。护理人员是社会保健的管理型人才,应是具有组织才能、懂教育、会科研、善管理的优秀照护人才,未来将开诊所、管医院、办教育等,促进全球老年人的健康。

2. 复合型专业人员

随着老年护理领域专业化、职业化的发展,对护理人员的教育培养已经改变了以往"技能型职业培训"的传统模式,逐步发展形成了从初级到高级、从中等职业教育到博士学历层次的多层次系列化培育体系。对护理人员的要求也从以往的单一专业技能型人才,发展成复合结构的专业知识型人才。随着护理人员队伍的整体素质的显著提高,社会对护理人员的岗位责任要求也不断扩大,要求护理人员不仅能完成对老年人的基本照顾服务内容,同时还要求其能扮演教育者的角色,开展社会宣传和社区教育,向不同层次、不同需求的人们传递健康理念,普及实用有效的身心保健知识。护理人员还能扮演协调者的角色,能运用医学、护理学及心理学的知识,完成对患病老人、家属和医生之间关于治疗方案的解释沟通工作,并配合治疗方案完成护理(包括心理护理)方案的制订和实施工作。

3. 健康管理顾问

在为老年人提供照护服务的过程中,专业的护理人员也充当着健康管理顾问的角色,完成以下工作:收集和管理老年人个体或群体的健康信息;评估个体或群体的健康状况并做出风险预估;为老年人个体或群体提供健康咨询与指导服务;帮助老年人制订健康计划,进行健康维护服务和服务评估等。

专栏 8-2

机器人养老

智能养老机器人面世后,主要应用于养老机构和个人家庭。目前用于辅助、护理与陪伴老人的机器人大致分为三类:机器人辅助设施、日常任务机器人、社交机器人。每类下面又有多种分支。虽然智能养老机器人产品

---

① 刘立. 21世纪人人享有卫生保健[J]. 江苏卫生保健, 1999(3):116.

种类较多,但是产品功能以一键呼救、语音通话、运动检测等功能为主。未来趋势是智能家居机器人,虽然名称为"机器人",但根据实际应用以及未来的趋势,更多的是与智能家居相结合。

4. 情感支持者

现代老年人护理的内容虽然从"照料老年人生活为主"转向"科学技术手段服务为主",但护理人员的关怀和照顾老年人的角色形象始终未变。护理人员不仅照护老年人的身体,还能有效地解决其相应的心理问题,能将相关心理学理论运用于临床照护实践。

护理人员须参与各类心理健康、心理卫生问题的探究,能对不同年龄、职业、社会文化情境中的老年人群,尤其是处于心理困扰中的老年人提供心理护理服务。此外,现代护理人员须具备较高的社会素养,能较好地掌握并灵活应用人际沟通技巧,以应对与老年照护工作相关的频繁、复杂的人际关系。

二、影响护理人员角色认知的因素

(一)职业因素

1. 职业压力

第一,"以老年人为中心"的整体照护模式要求护理人员具备多学科知识,并付出更多的精力,但由于人力资源不足,很多护理人员处于超负荷的工作状态。第二,频繁的夜班打破了护理人员正常的生物钟,致使其生活极其不规律,造成心理的高度紧张。第三,老年人身体和心理状况较为复杂,不确定因素多,护理人员在工作中还要经常面临许多急症反应,不仅要及时观察老年人的病情并迅速做出反应,同时还要满足老年人的各种合理需要,如果稍有疏忽,则有可能会威胁老年人的身心健康,甚至生命。第四,由于职业的特殊性,护理人员所处的工作环境中有许多致病因素,如细菌、病毒等。因此,护理人员特殊的工作性质及职业的风险性带来的压力是显而易见的。

2. 职业中的人际关系

照护工作中的人际关系主要包括护理人员与老年人、家属、同事以及与其他社会人员方面的关系等。随着社会的发展,人们对健康的需求日益提高,老年人及其家属都认为自身是最需要照顾的,一旦护理人员工作出现误差,就会导致冲突。此外,在老年人护理工作中,需要其他社会人员和同行的配合,所以护理人员还需处理好同他人的关系。而在现实工作中,由于各种原因,往往导致同事间相互推卸责任或不配合的现象,这些矛盾和冲突都是诱发护理人员心理问题的因素。

3. 职业价值认同

由于我国的养老照护教育发展相对缓慢,学科发展滞后,人们对护理工作认识不够。护理人员学习深造机会少,技能更新慢,这些都是造成护理人员心理压力的因素。而当前社会发展日新月异,对护理人员提出了新的、高的要求,迫使护理人员必须更新知识结构、学习新的技能,才能满足工作需要。此外,受传统观念的影响,护理人员的专业化缺乏相应的社会肯定,获得的经济回报不足等因素,也严重影响护理人员的职业价值认同感以及心理健康状态。

相关研究表明,护理行业是高应激职业。护理人员长期生活在充满"应激源"的环境中,每天要面对大量的老年人和老年人家属,要应对生离死别的场景,这种紧张的工作性质和高风险的职业压力极易导致护理人员产生身心疲劳。适度的应激对护理人员情绪和动机有积极的影响,但是一旦应激源超过其承受能力,就将损害其身心健康。

(二) 个人心理因素

1. 情绪

由于护理工作的特殊性,加之紧张的工作氛围,极易使护理人员产生情绪问题。而面对众多的老年人,护理人员又需要始终保持良好的心态,营造适宜的照护环境,所以护理人员需要具备良好的情绪调节能力和自我控制力。护理人员自身的积极情绪、情感会影响老年人,给老年人带来康复的希望,而消极、低落的情绪、情感则容易导致护理事故的发生。

2. 人格

气质和性格是人格的重要组成部分。不同气质类型的护理人员在面对工作压力时,应对方式往往不尽相同。一般来说,抑郁质类型的护理人员更容易出现心理问题。性格有内向、外向之分,性格外向的人善于与人交流,在沟通交流过程中也会释放一部分心理压力;而性格内向的人不善与人沟通交流,则更多地把心理压力进行自我消化或积累,所以性格内向的护理人员往往容易出现心理问题。

3. 意志品质

在个人的意志品质方面,护理人员必须谨记:忠于职守和高度的责任心是护理工作的核心。护理人员在工作中要具备无私奉献、乐于助人的价值观,恪尽职守,遵守职业道德,热爱本职行业,把老年人的利益放在首位。

(三) 社会支持

社会支持是指个体在自己的社会关系网络中所能获得的来自他人的工具性和非工具性的帮助和支援。一个完备的支持系统包括正式支持和非正式支持,正式支持是指来自政府、社会组织等的支持,非正式支持是指来自亲属、朋友、同事等私人领域的支持。良好的社会支持资源是帮助个体认识、接纳职业角色,按照社会角色期望行事,激发其职业信心的重要资源。首先,在我国,长期以来人们对护理人员缺乏应有的理解、尊重和支持,使得护理人员在社会职业评价中处于不利地位,职业压力、心理冲突所导致的心理失衡无法得到及时关注和服务支持。其次,老年人护理专业化水平较低、专业人力资源匮乏,无法满足社会对老年人护理服务需求的快速增长,由非专业化护理所引发的新闻事件和法律诉讼,给护理人员带来大量的负面社会影响,加大了他们社会支持资源获取的难度。最后,老年护理服务行业发展水平低、行业薪酬水平较低所导致的心理和生活压力,以及岗位特殊性给护理人员知识和技术升级所带来的职业压力,加大了他们对社会支持的需求。实际社会生活中,以上三个因素往往

叠加出现,给护理人员积极职业角色认知造成了很大的障碍。

(四)自我维护能力

老年人护理是一个压力水平较高的职业,护理人员和老年人都属于心理问题的高发人群,加之在照护关系中容易发生冲突,因此护理人员的心理健康自我维护能力是帮助其调节职业角色认知的重要因素之一。这不仅需要靠护理人员个人心理素质的支撑,更需要相关知识技术培训的支持,但实际上大多护理人员缺少心理健康和压力自我调节方面的知识和技巧,也缺乏对相关支持资源的了解,以及主动寻求相关资源的能力,不能做到及时有效地采取科学的方法进行自我调整和压力修复,导致其心理压力无从释放,心理问题及工作倦怠多发。

(五)社会评价

所有的护理人员都期望自己能成为人们心目中的"天使",所以工作勤奋努力,然而护理人员角色在社会群体中却往往被认为是"高级保姆"。这种不公平的社会评价让许多护理人员心灰意冷。护理人员在行业和社会中地位较低,发展机会少,其付出不能得到充分的肯定和补偿,人们对护理工作的重要性认识不足,这些都会造成护理人员心理不平衡。较低的社会评价直接影响着护理人员的身心健康。

三、护理人员常见的心理困境及产生原因

(一)抑郁

相关调查显示,一线的护理人员都不同程度地存在着心理障碍,尤其是养老机构的护理人员,其患抑郁的比例较高,以轻中度抑郁最为常见。护理人员由于自身和外部各方面的原因,广泛存在着不同程度的焦虑、抑郁情绪。抑郁是一种常见的心理疾病,主要表现为情绪低落,兴趣减低,悲观被动,自责不已,饮食、睡眠差,全身自感不适等。从心理学角度分析,此现象与护理人员的工作压力、社会支持以及其个性心理特征等方面有密切联系。[①] 这里,我们分为以下四个方面。

1. 工作原因

高负荷的工作内容、高强度的职业压力,影响着护理人员正常的生理平衡。内分泌不同程度的紊乱、正常社交生活参与不足、睡眠质量低等原因,成为引发护理人员抑郁的重要因素。此外,行业发展不完善所导致的工作认同水平低,低职业收入水平带来的经济压力,职业发展空间不足所造成的职业焦虑等,都是引发护理人员抑郁问题的重要因素。

2. 个人原因

由于各方面的压力,加上长期生活不规律,又不能有效地进行自我调节,会导致护理人员的身体素质越来越差,经常感觉体力不支,进而引发精神压抑、身

---

① 宋桂云,刘宇. 老年慢性病病人的自我感受负担与抑郁情绪的相关性研究[J]. 护理研究,2012,26(18):1650-1652.

心疲倦,工作显得力不从心。此外,护理人员的低自我效能感使得他们对自己的职业结果期望水平较低,长期积累起来的消极职业认知经验让他们确定自己的职业行为不能带来积极的结果,因此护理人员容易产生抑郁情绪。

3. 家庭原因

护理人员大多为女性,她们要担负家庭和工作的多种角色,其神经经常处于高度紧张状态,久而久之,造成神经衰弱。有些家庭成员对护理人员的工作不了解,认为他们就是帮助解决琐碎事务,累不到哪里去,没有给他们更多关爱,也没给他们足够的支持和配合。护理人员上班时间日夜颠倒,造成家庭生活不规律和身心问题的产生。

4. 社会原因

社会对护理人员这一职业的不了解、不理解和不尊重,以及不同程度的偏见,不尊重护理人员的劳动付出,忽视护理人员的专业性特征,简单地将护理人员等同于"保姆",甚至将护理工作归为低等职业,使得护理人员得不到社会支持,挫伤了其工作热情、职业认同和劳动成就感。

(二)焦虑

焦虑是指由于对亲人或自己生命安全、前途命运等的过度担心而产生的一种烦躁情绪,其中含有着急、挂念、忧愁、紧张、恐慌、不安等成分。它与危急情况和难以预测、难以应付的事件有关。有人并无客观原因而长期处于焦虑状态,常常无缘无故地担心大祸临头,担心患有不可救药的严重疾病,以致出现坐卧不宁、惶惶不安等症状,这种异常焦虑属精神疾病的一种表现。护理人员在工作过程中会伴有焦虑情况出现,其原因主要有如下几点。

1. 身体和心理压力

护理人员的服务对象主要是老年人,负责照顾老年人的基本日常生活,有时还要负责搬动老年人等,工作极其辛苦。跌倒、窒息、坠床是老年人最常发生的安全问题,老年人的照护及管理风险较大,护理人员承受着巨大的身体和心理压力。有些老年人有抑郁倾向,心理上对生命、家庭、事业以及未来的一些消极态度直接影响着护理人员。老年人的自身因素,如疾病方面,也会对护理人员产生影响。老年人的晚年状况,如活动不便、言语不清、身体异味、生活不能自理及老年人的去世都可能使护理人员产生抑郁情绪,严重者可造成情绪、情感障碍。

2. 复杂的人际关系

护理人员面临的人际关系相对复杂,以养老院中的护理人员为例,目前养老院中的护理人员面临工作上的稳定性及工作环境改变的问题。职位的变动,同事及领导的改变都使人际关系变得复杂,需要小心维护和巩固,这增加了护理人员的心理压力,使护理人员容易产生焦虑的情绪。相关研究显示[①],"精神与心理状态"的健康得分等级每增加1级,SDS得分减少8.167分,说明精神与

---

① 高彩霞,张利宁,郭小平. 心理疏导和精神护理对老年抑郁症患者SAS、SDS评分及护理满意度的影响[J]. 检验医学与临床,2018(2):220-222.

心理状态越好的护理人员,其发生焦虑倾向的可能性越低。护理人员要保持良好的心理状态,减少焦虑倾向的发生,就要正确理清思路,熟练运用交往技巧,处理好与周围同事、领导及护理对象的人际关系,积极应对身边遇到的各种难题,这些对其家庭生活和工作事业都会有很大的帮助。

(三)愤怒与敌对

愤怒与敌对是指当愿望不能实现或为达到目的的行动受到挫折时引起的一种紧张而不愉快的情绪,这种情绪也存在于对社会现象以及他人遭遇甚至与自己无关事项的极度反感。愤怒被看作一种原始的情绪,它在动物身上是与求生、争夺食物等行为联系着的。生活并不尽如人意,总有让人挫败甚至想要爆发的瞬间。美国心理学家指出,愤怒只是情绪"冰山"的一角,是被其他情绪(如害怕、怨恨或不安)所引发的。因此,找出引发愤怒情绪和心理原因,就能很好地管理愤怒。从心理学角度分析,愤怒与敌对和以下几个方面有密切联系。

1. 压力刺激

压力刺激了生理紧张,当护理人员紧张的时候,就容易把一点小事看成是一场灾难,从而愤怒不已。他们除了生活压力之外,还有工作的压力。比如,在为老年人服务的时候,心情很容易急躁,脾气也会变得很差。

2. "踢猫效应"

有时候,人们在愤怒时找不到责怪的对象,从而向不恰当的对象发泄愤怒。例如,护理人员因犯了错误而受到领导的批评,回家后对爱人发脾气;爱人生气了,反过来骂孩子;孩子不高兴,只好拿家里的猫出气,这就是"踢猫效应"。

3. 过于苛刻

苛刻的处世标准会让人变得易怒。如果护理人员对自己、对别人、对世界都有一个很高的期望值,当事情不符合他们的高标准的时候,他们很可能就会生气,产生愤怒的情绪。

4. 生物因素

生物因素主要是指个体的生理、性格等客观因素。比如,中医上讲阴虚体质的人更容易发火,生理上女性的雌激素或者男性的雄激素水平比较高的人也容易发火。还比如,我们生活中总是会有一类"火药桶""小钢炮"性格的人,遇到棘手的问题就容易暴怒。

任务二 掌握维护护理人员心理健康的策略和方法

一、护理人员的心理压力应对策略

(一)护理人员的情绪管理策略

情绪管理是指对个体和群体的情绪感知、控制、调节的过程,其核心是必须将人本原理作为最重要的管理原理,使人性、人的情绪得到充分发展,使人的价值得到充分体现,从尊重人、依靠人、发展人、完善人出发,提高对情绪的自觉意识,控制情绪低潮,保持乐观心态,不断进行自我激励、自我完善。

对护理人员来说,情绪管理不是要去除或压制情绪,而是在觉察情绪后,调整情绪的表达方式。有心理学家认为情绪调节是个体管理和改变自己或他人情绪的过程。在情绪管理的过程中,应通过一定的策略和机制,使情绪在生理活动、主观体验、表情行为等方面发生一定的变化。情绪固然有正面有负面,但关键不在于情绪本身,而是情绪的表达方式。以适当的方式在适当的情境表达适当的情绪,就是健康的情绪管理之道。对护理人员来说,健康的自我情绪管理必须做到以下几点。

1. 体察自己的情绪

所谓体察自己的情绪就是时时提醒自己注意:"我的情绪是什么?"例如,当护理人员因为被老年人误解而生气时,应问问自己:"我为什么生气?有什么感觉?"如果你察觉你已对他人的行为感到生气,你就可以对自己的生气做更好的处理。有人认为,人不应该有情绪,所以不肯承认自己有负面情绪,然而事实是生活中的每个人都不可避免地会有情绪,压抑情绪反而会带来更不好的结果。学会体察自己的情绪是情绪管理的第一步。

2. 适当表达自己的情绪

以护理人员被老年人误解为例,当护理人员审视自己的情绪时,就会发现自己之所以生气,是因为老人不理解自己的善意。在这种情况下,护理人员可以婉转地告诉老人:"对不起,奶奶,我想您误会我了。"试着把"我这样做是为了您的健康"的意思传达给老人,让她了解她的误解带给护理人员什么感受。什么是不适当的表达呢?例如,护理人员指责老人"你怎么这样呢,你怎么能这样对我呢?"当护理人员指责老人时,也会引起老人的负面情绪,她会变成一只"刺猬",忙着防御外来的攻击,没有办法站在护理人员的立场,她的反应可能是:"你就是这样的人!"如此一来,两人间的误解会更严重,更别提愉快的工作了。因此,如何适当表达情绪是一门艺术,需要用心去体会、揣摩,更重要的是,要应用在实际的护理工作中。

3. 以适宜的方式纾解情绪

纾解情绪的方法很多,有些人会痛哭一场,有些人找三五好友诉说一番,还有些人会逛街、听音乐、散步或强迫自己做其他的事情以转移注意力。比较糟糕的方式是喝酒、飙车,甚至自杀。纾解情绪的目的在于给自己一个理清想法的机会,让自己好过一点,也让自己更有能量去面对未来。如果纾解情绪的方式只是暂时逃避痛苦,而后需承受更多的痛苦,这便不是一个适宜的方式。当我们感受到压力时,不应选择逃避,而应稳定情绪并仔细想想:"我为什么这么难过或生气?""我怎么做将来才不会再重蹈覆辙?""怎么做可以降低我的不愉快?""这么做会不会带来更大的伤害?"等等。从这几个角度去选择适合自己且能有效纾解情绪的方式来控制情绪,而不是让情绪来控制自己。

(二)护理人员的压力管理策略

1. 压力与压力管理

"压力"的英文即 stress,原意是被紧紧地联系在一起,后来被运用在力学上,意思是当物体受到外界的作用时,物体内部所产生的阻力。有学者认为,压

力是需求以及理性地应对这些需求之间的联系。也有学者认为,压力是当需求与个人能力之间处于一种失衡的状态下,需求得不到满足引起的后果。当我们感觉到加在我们身上的需求和我们应付需求的能力不平衡时,心理和生理会产生一定的反应。压力会使个体身体、情绪和行动上出现一系列的压力征兆。在身体上,个体会去面对并克服所面临的障碍,或逃避忽略有障碍的相关知觉,将其转移为身体症状表现出来,如头晕、胃痛、气喘、高血压、冠心病等。在心理上或情绪上的表现与个体对情境的认知评价密切相关,具体表现为消极、厌倦、不满、生气等。在行为上,压力的产生与个体对所处的工作困境的思考与感受相关,压力过大时会发生体重变化、抽烟频率增加、饮用酒精、缺勤、旷工、离职等现象。

一般来说,引发职业压力的原因包括以下几种。

(1) 没有工作安全感或失业。

(2) 工作中的角色冲突、角色模糊、工作负担过重或过轻。

(3) 恶劣的工作环境。

(4) 经济压力等。

因此,我们可将压力管理的含义分为三部分理解:一是针对造成问题的外部压力源本身去处理,即减少或消除不适当的环境因素;二是处理压力所造成的反应,即情绪、行为及生理等方面症状的缓解和疏导;三是改变个体自身的弱点,即改变不合理的信念、行为模式和生活方式等。

2. 有效的压力管理策略

压力既是一种刺激或消极的感受,也是一种人与环境的互动历程。压力的大小,既取决于压力源的大小,又取决于个人身心承受压力的能力强弱。有效的压力管理可以帮助人们从压力情境中摆脱出来,以理性高效的方式解决引发困扰的问题源。有效的压力管理策略包括以下几个方面。

(1) 放弃无意义的固执。老年人护理工作的内容非常庞杂,涉及老年人日常生活中的点点滴滴,需要护理人员保持细致、耐心。如果护理人员总想把一切工作都做到最好,这种心理常会使护理人员患得患失,放大在工作中遇到的一些困难和压力,背着沉重的包袱熬过每一天,并很快发生职业耗尽现象。对护理人员来说,解决压力的关键是放弃无意义的固执追求,抓住重点,完成应该做的工作。

(2) 直面挑战。无论从社会文化、职业处境还是从个人心理来看,照顾老年人所面对的压力是很大的,有时越是想逃避这些压力,越是容易被焦虑的情绪困扰。因此,不妨尝试直面压力,挑战自己的极限并从中寻找成就感,或通过改善工作方法、尝试新的工作、主动多负担责任等方式,调整自己的工作状态。

(3) 制订计划表。当个人有一个完美的计划表,而且正在逐步实施时,就不会产生无谓的压力,因为一切尽在掌握之中。计划表是一个很好的"监督者",能叮嘱我们去实现每一个目标;它又是一个软性的压力,只有"跳"起来才能够得着。当我们心里有底时,也就没有了压力。因此,针对不同老年人制订相应的护理计划对于排解压力具有很好的作用。

（4）学会释放压力。敞开心扉，多与他人沟通可以缓解和宣泄压力，同时，他人的关爱、回应、鼓励和建议也可以帮助护理人员获得解决问题的新途径，从而化解压力。此外，护理人员还可以从事一些放松身体的活动，保持健康、规律、营养的饮食，或从事一些有氧运动，这些都可以缓解紧张的情绪。

（三）护理人员应对压力训练

工作环境和过大的压力，极容易造成护理人员心理、生理等方面的不良后果。在生理方面表现为头痛、乏力、心慌、胃肠不适、全身肌肉胀痛等器官组织的症状。在心理方面表现为焦虑、沮丧、不满、厌倦、不良情感、怨恨、人际关系恶化等表现。在行为方面表现为采用无意义的、消极的应对方式，如吸烟、饮酒、使用或滥用药物、饮食过度或厌食、攻击等。为了进一步维护护理人员的身心健康，提高护理人员的职业稳定性，除了改善社会本身和政策方面的因素外，护理人员本人应努力做到以下几点。

1. 正确认识压力

首先要对压力有一个正确的认识。没有压力的生活是不存在的，也是可怕的，没有压力也就没有动力。适当的压力是我们前进的能量，让我们的未来有目标，有方向。

2. 改变认知和行为模式

当压力产生的时候，人们的瞬间反应会是"天哪，为什么会这样？""这很糟糕""我无法应对"等。这样的想法只会让人们在压力面前寸步难行。但如果换一种思维模式："这很难，但我可以去尝试""虽然很不容易，但是这是一个机会，通过它我可以学到更多的东西"，诸如这些想法会让人们更加有动力去行动。从认知行为心理学的角度看，行为受人们的思维影响，因此护理人员面对压力时首先应该做到改变自己的思维方式，理性地认知自己的压力处境，并找到妥善解决压力的办法。其次是行动起来，拓展思路，改变自己的工作模式，不断尝试可能摆脱困境的方式，而不是简单地让自己陷入压力情绪中一蹶不振。

3. 健康的工作与生活节奏

做好工作与生活的平衡是护理人员的必修课，学会区分职业角色和生活角色，学会放松，可以使护理人员在处理工作与生活事件时情绪更加稳定，减轻压迫感。此外，运动能够将身体的一些负面能量宣泄出去，让身体重新获得活力，让身心得到休息，有助于更好地应对压力。

4. 学习放松的技巧

放松的技巧能够帮助个体在感觉压迫、难受的时候，给个体以舒适缓解。长期坚持放松训练，更可以让个体调整自己应对压力的模式，更平静、更有效地处理压力，心态也会随着发生变化。最常用的放松方法是清肺呼吸：利用腹式呼吸，先深深吸一口气，然后屏住呼吸，保持5秒时间，再慢慢呼出去。身体的放松会让我们的心情也变得平静。

老年人心理特征及其护理

专栏 8-3

腹式呼吸法

学会了腹式呼吸不仅能让人心情愉悦，而且还能锻炼心肺功能。做腹式呼吸训练时要注意：第一，呼吸要深长而缓慢；第二，用鼻吸气，用口呼气；第三，一呼一吸，应控制在 15 秒钟左右，即深吸气（鼓起肚子）3～5 秒，屏息 1 秒，然后慢呼气（回缩肚子）3～5 秒，屏息 1 秒；第四，每次训练应持续 5～15 分钟，持续 30 分钟最好。每天练习 1～2 次，坐式、卧式、走式、跑式皆可，练到微热微汗即可。尽量做到腹部鼓起缩回 50～100 次。

二、护理人员心理健康的维护

（一）优化职业心态

职业心态是指在职业当中根据职业的要求所表现出来的心理情感状态。好的职业心态是建立职业信心、树立职业目标、胜任职场要求的重要素质。护理人员除了要具备护理专业知识和技能，还必须要优化职业心态。

1. 加强职业认同感

职业认同感（Professional Sense of Approval）是指个体对其所从事职业活动的性质、内容、社会价值和个人意义等所形成的看法，与社会对该职业的评价或期望达到一致且认可的状态。护理人员职业认同感是指护理人员对照护职业的自我肯定，并且感觉自身能够胜任这一职位并清楚自己的职业理想与承诺。由于行业性质的特殊性，使得老年护理工作既具有挑战，又充满了压力。护理人员对待工作的态度和认知对其个人职业发展至关重要。加强护理人员职业认同感，进行照护职业认同感教育就成为一个重要的课题。因此，一方面应通过政策制度的支持和社会文化引导等，改变对于老年护理工作的过低社会评价，提高护理人员的职业地位。另一方面，护理人员自身的积极向上的职业态度也非常重要，严格规范自身行为准则，用规范来衡量自己，保证规范的有效执行，并且内化成为行为习惯。护理人员也可以利用现有资源，通过多种途径更好地定位自身职业。

2. 规划职业生涯

职业生涯规划是指在对一个人职业生涯的主客观条件进行评定、分析、总结的基础上，对自己的兴趣、能力、特长、经历等各方面进行综合分析，根据职业倾向，确定最适合的职业奋斗目标，并为实现这一目标而努力。随着人们对老年人生活质量的重视和社会文明的发展，对专业化的老年人照顾需求日益加大，职业发展路径不断拓宽，要求护理人员要做好职业生涯规划。首先，护理人员进行充分的自我认识和客观的自我评价，认真分析自己的性格及能力，并总结自己的优势和特点，合理设定职业目标，发挥自己的才能。其次，护理人员要制定目标明确、内容具体、可实施的职业规划方案，引导自己随着方案的逐步实施，不断完善职业发展思路，激发自己的职业动力。最后，促进自身个人潜能的

发挥,能够使自己更加专注于工作,提高职业能力。

3. 认同个体差异

虽然护理人员的职业心态有着共同点,但也存在着差异。护理人员的年龄、工作岗位、受教育程度、人生经验、认知水平等因素存在差异,可导致个体的职业心理需求千差万别。因此,认同并较好地掌握个体职业心理的主导需求,有利于护理人员保持良好的职业心态,维护身心健康。

4. 满足职业需求

职业需求是个体对其职业的渴求和欲望。职业需求的满足是个体职业行为积极性的源泉。由于个体差异,每位护理人员都有着自己独特的职业需求。如有的人认为薪酬是第一位的,有的人则认为个人未来的发展是最为重要的,还有的人把实现自身价值看成首要的职业需求。所以,护理人员在维护自己心理健康的过程中,要首先认清并满足自己的职业主导需求,使自己充满动力,优化自己的职业心态。

(二) 维护职业尊严

1. 在工作中发掘兴趣

护理人员从事的日常护理工作比较单调,日复一日的重复劳动会让人的兴趣减退,产生职业倦怠。职业倦怠在生理上表现为感觉迟钝、动作不协调,在心理上表现为厌倦、注意力不集中。护理人员在出现职业倦怠时要注意自我调整,并寻求组织支持。如在工作允许的情况下将感兴趣和不感兴趣的工作交叉分配,以有效缓解不良情绪,增加工作效能。此外,还要善于从平常的工作中发掘兴趣点,学会给不感兴趣的工作设定目标并细分为小目标,因为每一次目标的实现都会是一次兴趣点的提升。

2. 提升工作能力和心理调节能力

随着现代社会的不断发展,老年照护工作的专业化水平也在不断更新与发展,护理人员如果不能及时学习照护新理念、新技术、新方法,就无法适应日常工作。护理人员必须不断地培养和提高自身素质,通过终身学习掌握新的知识和技术,提升职业成就感。此外,在较大的工作压力下,护理人员如果缺乏有效的心理调节能力,也容易产生焦虑情绪,生理上表现为肾上腺素水平升高,心理上表现为易害怕、情绪易激动、易发怒。因此,护理人员要学会在工作和生活中,正确评价自身的长处和不足,学会理性地解决引发压力和困扰的问题。

3. 寻找自我价值

老年人照护绝不是简单的"保姆"工作,而是一项强调专业化、职业化的健康服务事业。尊重、接纳、关怀、平等是专业价值的具体体现。专业照护方案的设计、组织与实施,以及照护服务方法和技巧的合理运用是专业技能的具体呈现。所以,护理人员应尊重自己的专业价值和职业价值,并从平凡的工作中找到职业意义,正确理解老年人照护工作的重要性,接纳并热爱自己所从事的职业,并用发展的眼光认知它。通过培养积极的职业情绪来面对老年人照护工作,可以对护理人员的身心健康起到积极的促进作用,并促进护理人员较好地完成岗位责任,获取成就感和价值感。

(三)选择适合自己的压力管理策略

1. 压力宣泄与表达

心理社会理论认为,有效的人际沟通是形成个体健康人格的重要条件。护理人员在工作中遇到困惑时,可以向周围的朋友或亲人主动倾诉,并求得他们的有益指导。倾诉可释放一定程度的心理压力,同时倾诉的过程也是个体在重新思考和解决问题的过程。

2. 培养兴趣爱好

拥有一定的兴趣爱好能丰富人们的业余生活,改善人们的心理状态,使人们保持积极愉快的情绪,拥有健康的体魄。积极的兴趣爱好包括读书、听音乐、旅游等。护理人员应合理安排工作和休息的时间,让自己有休闲放松的时间。如果条件允许,可以选择外出旅游,在观赏美丽的自然风光的同时,还能陶冶性情,使心胸开阔、轻松,这样才更有利于以后的工作。

3. 心理放松技术

掌握一定的放松技术,对于护理人员纾缓紧张情绪、调整工作状态有很大的帮助。心理放松技术的应用,如放松呼吸、冥想等技术,可以帮助护理人员从紧张的压力状态进入放松状态,有助于纾缓心情,纾缓身心(详见附录6)。

4. 有效的压力应对技巧

有效的压力应对技巧可以帮助护理人员摆脱压力和问题的纠缠。因此,当护理人员处于应激情境时,要避免消极的自我暗示,避免有害的争论,控制自身情绪,还可以运用健康的防御技巧,转移或释放压力。

专栏 8-4

瑜 伽

练瑜伽会令人放松,可以说呼吸是瑜伽的灵魂。练瑜伽时最重要的是心无旁骛,将散乱的思绪收回,专注于自己的身体和呼吸,静静地聆听瑜伽语音,让自己的心与大自然相融合。要将思绪慢慢地放下,什么都不想,没有任何人、任何事的打扰,感受那一刻身心无比的舒畅与惬意。在一呼一吸之间,重新感受生命的存在。那长久的压力、烦恼会烟消云散,身体也会感到充满能量,让人充满精力地面对生活中的所有挑战。

5. 寻求专业的心理干预

护理人员如果在工作或生活中遇到难以调节的心理压力,或者备受心理疾病的困扰,可以寻求专业的心理医生的帮助。如今人们已经越来越重视心理健康,因此专业的心理咨询服务也正在蓬勃发展。护理人员在工作生活中被心理问题困扰时,如果还是勉强自己进行低效率的工作,结果很有可能是把消极的情绪投射到别人的身上,可能导致工作差错的发生。为减少和避免这些问题,护理人员可以通过寻求专业的心理干预来解决问题,纾缓自身的心理压力,保持健康良好的心态,以积极的精神面貌全身心地投入护理工作。

实训任务

护理人员职业压力放松训练

1. 训练目的

(1) 掌握放松训练的基本程序,以便在今后的生活和工作中能够合理应用。

(2) 熟悉肌肉放松训练的具体操作方法。

(3) 了解放松训练的基本原理,加深对心理治疗的理解。

2. 训练准备

(1) 环境准备。环境安静、整洁、光源可调节、通风良好的心理护理实训室。

(2) 用具准备。进行肌肉放松训练的专业指导语(纸质的或录音的);有靠背的椅子,每人一把。

(3) 学生准备。学生每3人一组,分别扮演心理咨询师、受访者和观察者。

3. 操作示范

(1) 介绍放松训练的原理。

(2) 老师进行示范并讲解要点,学生观摩老师的动作。

4. 学生练习

学生在明了放松训练的方法和要领后,3人一组自行练习:扮演心理咨询师的学生模仿老师刚才的语气、语速进行语音指导;扮演来访者的学生跟随语音指导进行放松;观察者注意观察咨询师和来访者的互动,包括咨询师的语气、语调、语速的影响,来访者的情绪状态、配合情况等。

5. 效果评价

(1) 学习态度。是否以认真的态度对待训练?

(2) 技能掌握。是否能将所学的理论知识与实训有机结合,有计划、步骤清楚、过程完整地完成实训?

(3) 职业情感。是否理解老年人心理护理工作的意义?

(4) 团队精神。在实训过程中,小组成员是否团结协作,积极参与,提出建议?

思考题

1. 简述社会支持对护理人员心理健康的重要意义。

2. 结合职业体验,谈谈护理人员有效应对职业压力的措施有哪些。

3. 护理人员该如何维护自身心理健康?

附录1 焦虑自评量表
(Self-Rating Anxiety Scale, SAS)

可以使用焦虑自评量表(SAS)对老年人焦虑症进行诊断。本量表可用来评定老年人最近一周的情绪状态。

【测量内容】

本量表包含20个项目,分为4级评分,请您仔细阅读以下内容,根据最近一周的情况如实回答。请在1、2、3、4下划"√",每题限选一个答案。1表示没有或很少时间;2表示小部分时间;3表示相当多时间;4表示绝大部分或全部时间。

项 目	没有或很少时间	小部分时间	相当多时间	绝大部分或全部时间
1. 我觉得比平时容易紧张或着急	1	2	3	4
2. 我无缘无故感到害怕	1	2	3	4
3. 我容易心里烦乱或感到惊恐	1	2	3	4
4. 我觉得我可能将要发疯	1	2	3	4
5. 我觉得一切都很好	1	2	3	4
6. 我手脚发抖打战	1	2	3	4
7. 我因为头疼、颈痛和背痛而苦恼	1	2	3	4
8. 我觉得容易衰弱和疲乏	1	2	3	4
9. 我觉得心平气和,并且容易安静地坐着	1	2	3	4
10. 我觉得心跳得很快	1	2	3	4
11. 我因为一阵阵头晕而苦恼	1	2	3	4
12. 我有晕倒发作,或觉得要晕倒似的	1	2	3	4
13. 我感到吸气、呼气都很容易	1	2	3	4
14. 我的手脚麻木和刺痛	1	2	3	4
15. 我因为胃痛和消化不良而苦恼	1	2	3	4
16. 我常常要小便	1	2	3	4
17. 我的手脚常常是干燥温暖的	1	2	3	4
18. 我脸红发热	1	2	3	4
19. 我容易入睡并且一夜睡得很好	1	2	3	4
20. 我做噩梦	1	2	3	4

【评分方法】

在焦虑自评量表的20个条目中,正向计分题按1、2、3、4计分,反向计分题按4、3、2、1计分。有5个条目(5、9、13、17、19)是反向计分,在计算总分时,注意先把这5个条目的原始评分转换过来(按4、3、2、1计分)。然后,再把20个条目的得分相加,得到总分。总分乘以1.25取整数,即得标准分。总分低于50分者为正常;50~59分者为轻度焦虑;60~69分者为中度焦虑;70分以上者为重度焦虑。

附录2 自我意识量表
（Self-Consciousness Scale, SCS）

【测量内容】

"0"表示完全不符合我，"4"表示非常符合我，"1、2、3"分别代表不同程度的符合。请你在认为合适的数字上打"√"。

1. 我经常试图描述我自己。	0	1	2	3	4
2. 我关心自己做事的方式。	0	1	2	3	4
3. 总的来说，我对自己是什么人不太清楚。	0	1	2	3	4
4. 我常常反省自己。	0	1	2	3	4
5. 我关心自己的表现方式。	0	1	2	3	4
6. 我能决定自己的命运。	0	1	2	3	4
7. 我从不检讨自己。	0	1	2	3	4
8. 我对自己是什么样的人很在意。	0	1	2	3	4
9. 我很关注自己的内在感受。	0	1	2	3	4
10. 我常常担心我是不是给别人一个好印象。	0	1	2	3	4
11. 我常常考察自己的动机。	0	1	2	3	4
12. 离开家时我常常照镜子。	0	1	2	3	4
13. 有时我有一种自己在看着自己的感受。	0	1	2	3	4
14. 我关心他人看我的方式。	0	1	2	3	4
15. 我对自己心情变化很敏感。	0	1	2	3	4
16. 我对自己的外表很关注。	0	1	2	3	4
17. 当解决问题时我很清楚我自己的心理。	0	1	2	3	4

【计分方式】

第3题和第7题反向记分，既选"0"得4分，选"1"得3分，选"2"得2分，选"3"得1分，选"4"得0分。其余为正向问题，即选"0"得0分，选"1"得1分，选"2"得2分，选"3"得3分，选"4"得4分。

代表内在自我的题目包括：1、3、4、6、7、9、11、13、15和17。

代表公众自我的是：2、5、8、10、12、14和16。

附录3　生活事件量表
(Life Event Scale, LES)

【指导语】

下面是每个人都有可能遇到的一些日常生活事件,究竟是好事还是坏事,可根据个人情况自行判断。这些事件可能对个人有精神上的影响(体验为紧张、压力、兴奋或苦恼等),影响程度是各不相同的,影响持续的时间也不一样。请你根据自己的情况,实事求是地回答下列问题,填表不记姓名,完全保密,请在最适合的答案上打"√"。

生活事件名称	事件发生时间				性质		精神影响程度				影响持续时间				发生次数
	未发生	一年前	一年内	长期性	好事	坏事	无影响	轻度	中度	重度	极重	三个月内	半年内	一年内	一年以上	
举例:搬家			√			√			√				√			
健康有关问题																
1. 患有慢性病																
2. 恋爱失败、婚姻破裂																
3. 家庭成员重病或绝症																
4. 本人因交通事故或其他意外受伤																
5. 家庭成员因交通事故或其他意外受伤																
6. 本人住院治疗																
7. 家庭成员住院治疗																
8. 本人生活自理困难																
9. 家庭成员生活自理困难																
10. 本人从疾病中康复																
11. 家庭成员从疾病中康复																
12. 亲戚或好友重病																
13. 配偶死亡																
14. 子女死亡																
15. 子女的配偶死亡																
16. 亲戚或好友死亡																

附录3 生活事件量表

续表

生活事件名称	事件发生时间				性质		精神影响程度				影响持续时间				发生次数
	未发生	一年前	一年内	长期性	好事	坏事	无影响	轻度	中度	重度	极重	三个月内	半年内	一年内	一年以上	
家庭生活有关问题																
17. 与配偶有激烈争吵或打架																
18. 夫妻分居																
19. 离婚																
20. 本人有外遇																
21. 配偶有外遇																
22. 夫妻重归于好																
23. 子女与其配偶有激烈争吵																
24. 家庭经济困难																
25. 独居																
26. 住房拥挤																
27. 失窃或房屋、财产的重大损失																
28. 子女长期离家																
29. 子女不孝																
30. 饮食或睡眠习惯的较大改变																
31. 家庭成员之间关系不和																
32. 子女下岗、待业或就业困难																
33. 个人居住或生活条件有较大改变																
34. 经济情况显著改善																
社交及其他问题																
35. 与邻居关系紧张或发生争执																
36. 与好友分离或决裂																
37. 没有知心朋友,孤独																
38. 本人离职、退休																
39. 配偶离职、退休																
40. 本人卷入法律纠纷																
41. 家庭成员卷入法律纠纷																
42. 本人遭遇丢面子、受人歧视情况																

续表

生活事件名称	事件发生时间				性质		精神影响程度					影响持续时间			发生次数
	未发生	一年前	一年内	长期性	好事	坏事	无影响	轻度	中度	重度	极重	三个月内	半年内	一年内	一年以上	
43. 被人误会或错怪																
44. 本人遭遇他人恐吓、殴打																
45. 家庭成员遭遇他人恐吓、殴打																
46. 被他人欺骗																
如果你还经历过其他的生活事件,请依次填写:																
47.																
48.																
正性事件刺激量: 负性事件刺激量: 生活事件总刺激量:																

【生活事件量表的使用方法和计算方法】

生活事件量表含有46项较常见的生活事件,包括三个方面的问题:一是健康有关问题,二是家庭生活有关问题,三是社交及其他问题。另设有2项空白项目,供当事者填写自己经历而表中并未列出的某些事件。

填写时须仔细阅读和领会指导语,然后将某一时间范围内(通常为一年内)的事件记录下来。有的事件虽然发生在该时间范围之前,如果影响深远并延续至今,可作为长期性事件记录下来。对于表上已列出但未经历的事件应一一注明"未发生",不留空白,以防遗漏。填写者应根据自身的实际感受而不是按常理或伦理道德观念去判断那些经历过的事件对本人来说是好事或是坏事,影响程度如何,影响的持续时间有多久。

一次性的事件不到半年记为1次,超过半年记为2次。影响程度分为5级,从"无影响"到"极重"分别记0、1、2、3、4分;影响持续时间分为三个月内、半年内、一年内、一年以上共4个等级,分别记1、2、3、4分。

【生活事件刺激量的计算方法】

1. 某事件刺激量=该事件影响程度分×该事件持续时间分×该事件发生次数

2. 正性事件刺激量=全部好事刺激量之和

3. 负性事件刺激量=全部坏事刺激量之和

4. 生活事件总刺激量=正性事件刺激量+负性事件刺激量

另外,还可以根据研究或诊断治疗的需要,按家庭问题、工作学习问题和社交等问题进行分类统计。

【结果解释及应用价值】

LES 总分越高,说明个体承受的精神压力越大。95%的正常老年人一年内的 LES 总分不超过 10 分,99%的不超过 32 分。负性事件的分值越高,对心身健康的影响越大,正性事件分值的意义尚待进一步的研究。其应用价值在于:

1. 甄别高危老年人群,预防精神障碍和心身疾病,对 LES 分值较高者应加强预防工作。

2. 指导正常老年人了解自己的精神负荷,维护心身健康,提高生活质量。

3. 用于指导心理治疗、危机干预,使心理治疗和医疗干预更具针对性。

4. 用于神经症、心身疾病、各种躯体疾病及重性精神疾病的病因学研究,可确定心理因素在这些疾病发生、发展和转归中的作用分量。

附录4 匹兹堡睡眠质量指数量表（Pittsburgh Sleep Quality Index, PSQI）

【说明】

本量表适用于睡眠障碍患者、精神障碍患者的睡眠质量评价，疗效观察，一般人群睡眠质量调查研究，以及睡眠质量与身心健康相关性研究的评定。

【指导语】

下面一些问题是关于您最近1个月的睡眠情况，请选择或填写最符合您近1个月实际情况的答案。

条目1. 近1个月，晚上上床睡觉通常是_____点钟。

条目2. 近1个月，从上床到入睡通常需要_____分钟。

条目3. 近1个月，早上通常是_____点钟起床。

条目4. 近1个月，每夜通常实际睡眠_____小时（不等于卧床时间）。

对下列问题请选择1个最适合您的答案。

条目5. 近1个月，因下列情况影响睡眠而烦恼：

a. 入睡困难（30分钟内不能入睡）（　　）。
   (1) 无　　(2) ＜1次/周　　(3) 1～2次/周　　(4) ≥3次/周

b. 夜间易醒或早醒（　　）。
   (1) 无　　(2) ＜1次/周　　(3) 1～2次/周　　(4) ≥3次/周

c. 夜间去厕所（　　）。
   (1) 无　　(2) ＜1次/周　　(3) 1～2次/周　　(4) ≥3次/周

d. 呼吸不畅（　　）。
   (1) 无　　(2) ＜1次/周　　(3) 1～2次/周　　(4) ≥3次/周

e. 咳嗽或鼾声高（　　）。
   (1) 无　　(2) ＜1次/周　　(3) 1～2次/周　　(4) ≥3次/周

f. 感觉冷（　　）。
   (1) 无　　(2) ＜1次/周　　(3) 1～2次/周　　(4) ≥3次/周

g. 感觉热（　　）。
   (1) 无　　(2) ＜1次/周　　(3) 1～2次/周　　(4) ≥3次/周

h. 做噩梦（　　）。
   (1) 无　　(2) ＜1次/周　　(3) 1～2次/周　　(4) ≥3次/周

i. 疼痛不适（　　）。
   (1) 无　　(2) ＜1次/周　　(3) 1～2次/周　　(4) ≥3次/周

j. 其他影响睡眠的事情（　　）。
   (1) 无　　(2) ＜1次/周　　(3) 1～2次/周　　(4) ≥3次/周

如有,请说明:_____。

条目6. 近1个月,总的来说,您认为自己的睡眠质量(   )。
    (1) 很好　　　(2) 较好　　　(3) 较差　　　(4) 很差

条目7. 近1个月,您用药物催眠的情况(   )。
    (1) 无　　　(2) <1次/周　(3) 1～2次/周　(4) ≥3次/周

条目8. 近1个月,您常感到困倦吗?(   )
    (1) 无　　　(2) <1次/周　(3) 1～2次/周　(4) ≥3次/周

条目9. 近1个月,您做事情的精力不足吗?(   )
    (1) 没有　　　(2) 偶尔有　　　(3) 有时有　　　(4) 经常有

【统计方法】

PSQI用于评定被试者最近1个月的睡眠质量,由19个自评和5个他评条目构成,其中第19个自评条目和5个他评条目不参与计分,在此仅介绍参与计分的18个自评条目。18个自评条目由7个成分组成,每个成分按0～3等级计分,累计各成分得分为PSQI总分,总分范围为0～21,得分越高,表示睡眠质量越差。被试者完成试问需要5～10分钟。

各成分含义及计分方法如下。

成分A. 睡眠质量:

条目6的计分:"很好"计0分,"较好"计1分,"较差"计2分,"很差"计3分。

成分B. 入睡时间:

1. 条目2的计分:"≤15分钟"计0分,"16～30分钟"计1分,"31～60分钟"计2分,"≥60分钟"计3分。

2. 条目5a的计分:"无"计0分,"<1次/周"计1分,"1～2次/周"计2分,"≥3次/周"计3分。

3. 累加条目2和5a的计分:累加分为"0"计0分,"1～2"计1分,"3～4"计2分,"5～6"计3分。

成分C. 睡眠时间:

条目4的计分:">7小时"计0分,"6～7小时"计1分,"5～6小时"计2分,"<5小时"计3分。

成分D. 睡眠效率:

1. 床上时间=条目3(起床时间)－条目1(上床时间)

2. 睡眠效率=条目4(睡眠时间)/床上时间×100%

3. 成分D计分:睡眠效率>85%计0分,75%～84% 计1分,65%～74% 计2分,<65% 计3分。

成分E. 睡眠障碍:

条目5b至5j的计分:"无"计0分,"<1次/周"计1分,"1～2次/周"计2分,"≥3次/周"计3分。累加条目5b至5j的计分,若累加分为"0"则成分E计0分,"1～9"计1分,"10～18"计2分,"19～27"计3分。

成分F. 催眠药物：

条目7的计分："无"计0分，"<1次/周"计1分，"1～2次/周"计2分，"≥3次/周"计3分。

成分G. 日间功能障碍：

1. 条目8的计分："无"计0分，"<1次/周"计1分，"1～2次/周"计2分，"≥3次/周"计3分。

2. 条目9的计分："没有"计0分，"偶尔有"计1分，"有时有"计2分，"经常有"计3分。

3. 累加条目8和条目9的得分，若累加分为"0"则成分G计0分，"1～2"计1分，"3～4"计2分，"5～6"计3分。

PSQI总分＝成分A＋成分B＋成分C＋成分D＋成分E＋成分F＋成分G

附录5　症状自评量表
(Self-Reporting Inventory)

症状自评量表,又名90项症状清单(Symptom Checklist 90,SCL-90),该量表由德若伽提斯(L. R. Derogatis)编制。该量表共有90个项目,包含较广泛的精神病症状学内容,涉及感觉、情感、思维、意识、行为、生活习惯、人际关系、饮食睡眠等,并采用10个因子分别反映10个方面的心理症状情况。

本测验适用对象须为16岁以上。测验的目的是从感觉、情感、思维、意识、行为、生活习惯、人际关系、饮食睡眠等多种角度,评定一个人是否有某种心理症状及其严重程度如何。它对有心理症状(即可能处于心理障碍或心理障碍边缘)的人有良好的区分能力。本测验适用于测查某人群中哪些人可能有心理障碍,某人可能有何种心理障碍及其严重程度如何,不适合躁狂症和精神分裂症患者。

本测验共90个自我评定项目。测验的10个因子分别为躯体化、强迫症状、人际关系敏感、抑郁、焦虑、敌对、恐怖、偏执、精神病性和其他。

【说明】

该量表包括90个项目,共10个分量表,即躯体化、强迫症状、人际关系敏感、抑郁、焦虑、敌对、恐怖、偏执、精神病性和其他。

(1) 躯体化:包括1,4,12,27,40,42,48,49,52,53,56和58,共12项。该因子主要反映主观的身体不适感。

(2) 强迫症状:3,9,10,28,38,45,46,51,55和65,共10项,反映临床上的强迫症状群。

(3) 人际关系敏感:包括6,21,34,36,37,41,61,69和73,共9项,主要指某些个人的不自在感和自卑感,尤其在与其他人相比较时更突出。

(4) 抑郁:包括5,14,15,20,22,26,29,30,31,32,54,71和79,共13项,主要反映与临床上抑郁症状群相联系的广泛的概念。

(5) 焦虑:包括2,17,23,33,39,57,72,78,80和86,共10个项目,主要指在临床上明显与焦虑症状群相联系的精神症状及体验。

(6) 敌对:包括11,24,63,67,74和81,共6项,主要从思维、情感及行为三个方面来反映病人的敌对表现。

(7) 恐怖:包括13,25,47,50,70,75和82,共7项。它与传统的恐怖状态或广场恐怖所反映的内容基本一致。

(8) 偏执:包括8,18,43,68,76和83,共6项,主要指猜疑和关系妄想等。

(9) 精神病性:包括7,16,35,62,77,84,85,87,88和90,共10项,主要指幻听、思维播散、被洞悉感等反映精神分裂样症状项目。

老年人心理特征及其护理

(10) 19,44,59,60,64,66 及 89 共 7 个项目,未能归入上述因子,它们主要反映睡眠及饮食情况。我们在有些资料分析中将它们归为因子 10"其他"。

【使用】

在开始评定前,先由工作人员把总的评分方法和要求向被试者交代清楚,然后让其做出独立的、不受任何人影响的自我评定,并用铅笔填写。SCL-90 的每一个项目均采用 5 级评分制,具体如下。

(1) 从无:自觉无该项问题。

(2) 很轻:自觉有该项症状,但对被试者并无实际影响,或者影响轻微。

(3) 中度:自觉有该项症状,对被试者有一定影响。

(4) 偏重:自觉有该项症状,对被试者有相当程度的影响。

(5) 严重:自觉该症状出现的频度和强度都十分严重,对被试者的影响严重。

说明:

(1) 这里的"影响"包括症状所致的痛苦和烦恼,也包括症状造成的心理社会功能损害。"轻、中、重"的具体定义由被试者自己体会,不必做硬性规定。评定的时间,是"现在"或者是"最近一个星期"的实际感觉。

(2) 对于文化程度低的被试者,可由工作人员逐项念给他听,并以中性的、不带任何暗示和偏向的方式把问题本身的意思告诉他。

(3) 评定的时间范围是"现在"或者是"最近一个星期"的实际感觉。

(4) 评定结束时,由被试者或工作人员逐一查核,凡有漏评或者需要重新评定的,均应提醒被试者再考虑评定,以免影响分析的准确性。

【评定指标】

(1) 总分:90 个项目单项分相加之和,能反映被试者的病情严重程度。

(2) 总均分:总分/90,表示从总体情况看,被试者的自我感觉位于 1~5 级间的哪一个分值程度上。

(3) 阳性项目数:单项分≥2 的项目数,表示被试者在多少项目上呈"病状"。

(4) 阴性项目数:单项分=1 的项目数,表示被试者"无症状"的项目有多少。

(5) 阳性症状均分:(总分-阴性项目数)/阳性项目数,表示被试者在"有症状"项目中的平均得分。反映被试者自我感觉不佳的项目,其严重程度究竟介于哪个范围。

【得分解释】

总分超过 160 分,或阳性项目数超过 43 项,或任一因子的单项均分超过 2 分,需考虑筛选阳性,需进一步检查。阳性项目数是指被评为 2~5 分的项目数分别是多少,它表示被试者在多少项目中感到"有症状"。阴性项目数是指被评为 1 分的项目数,它表示被试者"无症状"的项目有多少。

SCL-90 中,每一个因子反映了被试者某方面的症状情况,当被试者在某一因子的单项均分大于 2 分时,即超出正常均分,则被试者在该方面就很有可能有心理健康方面的问题。

（1）躯体化：主要反映身体不适感，包括心血管、胃肠道、呼吸和其他系统的不适，头痛、背痛、肌肉酸痛以及焦虑等躯体不适表现。得分在36分以上，表明个体在身体上有较明显的不适感，并常伴有头痛、肌肉酸痛等症状。得分在24分以下，躯体症状表现不明显。得分越高，躯体的不适感越强；得分越低，症状体验越不明显。

（2）强迫症状：主要指那些明知没有必要，但又无法摆脱的无意义的思想、冲动和行为，还有一些比较一般的认知障碍的行为征象。得分在30分以上，强迫症状较明显。得分在20分以下，强迫症状不明显。总的说来，得分越高，表明个体越无法摆脱一些无意义的行为、思想和冲动，并可能表现出一些认知障碍的行为征兆。

（3）人际关系敏感：主要指某些人际交往中的不自在与自卑感，特别是与其他人相比较时更加突出。在人际交往中的自卑感，心神不安，明显的不自在，以及人际交流中的不良自我暗示，消极的期待等是这方面症状的典型原因。得分在27分以上，表明个体人际关系较为敏感，人际交往中自卑感较强，并伴有行为症状（如坐立不安，退缩等）。得分在18分以下，表明个体在人际关系上较为正常。得分越高，个体在人际交往中表现出的问题就越多，自卑，自我中心越突出，并且已表现出消极的期待。

（4）抑郁：以苦闷的情绪为代表性症状，以生活兴趣的减退、动力缺乏、活力丧失等为特征，还表现出失望、悲观以及与抑郁相联系的认知和躯体方面的感受。得分在39分以上，表明个体的抑郁程度较强，生活缺乏足够的兴趣，缺乏运动活力，极端情况下，可能会有死亡的思想和自杀的念头。得分在26分以下，表明个体抑郁程度较弱，生活态度乐观积极，充满活力，心境愉快。得分越高，抑郁程度越明显。

（5）焦虑：一般指烦躁、坐立不安、神经过敏、紧张以及由此产生的躯体征象，如震颤等。得分在30分以上，表明个体较易焦虑，易表现出烦躁、不安和神经过敏，极端时可能导致惊恐发作。得分在20分以下，表明个体不易焦虑，易表现出安定的状态。得分越高，焦虑表现越明显。

（6）敌对：主要从思想、感情及行为三个方面来表现，其项目包括厌烦的感觉、摔物、争论直到不可控制的脾气暴发等。得分在18分以上，表明个体易表现出敌对的思想、情感和行为。得分在12分以下，表明个体容易表现出友好的思想、情感和行为。得分越高，个体越容易敌对、好争论，脾气难以控制。

（7）恐怖：对出门旅行、空旷场地、人群或公共场所和交通工具等表现出恐惧。此外，还有社交恐怖。得分在21分以上，表明个体恐怖症状较为明显，常表现出社交、广场和人群恐惧。得分在14分以下，表明个体的恐怖症状不明显。得分越高，个体越容易对一些场所和物体产生恐惧，并伴有明显的躯体症状。

（8）偏执：主要指投射性思维、敌对、猜疑、妄想、被动体验和夸大等。得分在18分以上，表明个体的偏执症状明显，较易猜疑和敌对。得分在12分以下，

表明个体的偏执症状不明显。得分越高,个体越易偏执,表现出投射性的思维和妄想。

(9) 精神病性:反映各式各样的急性症状和行为,即限定不严的精神病性过程的症状表现。得分在30分以上,表明个体的精神病性症状较为明显。得分在20分以下,表明个体的精神病性症状不明显。得分越高,越多地表现出精神病性症状和行为。

(10) 其他项目(睡眠、饮食等)。

90项症状自评量表

序号	问题	选项
1	头痛	1—从无 2—很轻 3—中等 4—偏重 5—严重
2	神经过敏,心中不踏实	1—从无 2—很轻 3—中等 4—偏重 5—严重
3	头脑中有不必要的想法或字句盘旋	1—从无 2—很轻 3—中等 4—偏重 5—严重
4	头晕或晕倒	1—从无 2—很轻 3—中等 4—偏重 5—严重
5	对异性的兴趣减退	1—从无 2—很轻 3—中等 4—偏重 5—严重
6	对旁人责备求全	1—从无 2—很轻 3—中等 4—偏重 5—严重
7	感到别人能控制您的思想	1—从无 2—很轻 3—中等 4—偏重 5—严重
8	责怪别人制造麻烦	1—从无 2—很轻 3—中等 4—偏重 5—严重
9	忘性大	1—从无 2—很轻 3—中等 4—偏重 5—严重
10	担心自己的衣饰整齐及仪态端正与否	1—从无 2—很轻 3—中等 4—偏重 5—严重
11	容易烦恼和激动	1—从无 2—很轻 3—中等 4—偏重 5—严重
12	胸痛	1—从无 2—很轻 3—中等 4—偏重 5—严重
13	害怕空旷的场所或街道	1—从无 2—很轻 3—中等 4—偏重 5—严重
14	感到自己的精力下降,活动减慢	1—从无 2—很轻 3—中等 4—偏重 5—严重
15	想结束自己的生命	1—从无 2—很轻 3—中等 4—偏重 5—严重
16	听到旁人听不到的声音	1—从无 2—很轻 3—中等 4—偏重 5—严重
17	发抖	1—从无 2—很轻 3—中等 4—偏重 5—严重
18	感到大多数人都不可信任	1—从无 2—很轻 3—中等 4—偏重 5—严重
19	胃口不好	1—从无 2—很轻 3—中等 4—偏重 5—严重
20	容易哭泣	1—从无 2—很轻 3—中等 4—偏重 5—严重
21	同异性相处时感到害羞、不自在	1—从无 2—很轻 3—中等 4—偏重 5—严重
22	感到受骗、中了圈套或有人想抓住您	1—从无 2—很轻 3—中等 4—偏重 5—严重
23	无缘无故地突然感到害怕	1—从无 2—很轻 3—中等 4—偏重 5—严重
24	自己不能控制地大发脾气	1—从无 2—很轻 3—中等 4—偏重 5—严重
25	怕单独出门	1—从无 2—很轻 3—中等 4—偏重 5—严重
26	经常责怪自己	1—从无 2—很轻 3—中等 4—偏重 5—严重
27	腰痛	1—从无 2—很轻 3—中等 4—偏重 5—严重
28	感到难以完成任务	1—从无 2—很轻 3—中等 4—偏重 5—严重
29	感到孤独	1—从无 2—很轻 3—中等 4—偏重 5—严重
30	感到苦闷	1—从无 2—很轻 3—中等 4—偏重 5—严重
31	过分担忧	1—从无 2—很轻 3—中等 4—偏重 5—严重
32	对事物不感兴趣	1—从无 2—很轻 3—中等 4—偏重 5—严重

续表

序号	问题	选项
33	感到害怕	1—从无 2—很轻 3—中等 4—偏重 5—严重
34	您的感情容易受到伤害	1—从无 2—很轻 3—中等 4—偏重 5—严重
35	旁人能知道您的私下想法	1—从无 2—很轻 3—中等 4—偏重 5—严重
36	感到别人不理解您、不同情您	1—从无 2—很轻 3—中等 4—偏重 5—严重
37	感到人们对您不友好，不喜欢您	1—从无 2—很轻 3—中等 4—偏重 5—严重
38	做事必须做得很慢以保证做得正确	1—从无 2—很轻 3—中等 4—偏重 5—严重
39	心跳得很厉害	1—从无 2—很轻 3—中等 4—偏重 5—严重
40	恶心或胃部不舒服	1—从无 2—很轻 3—中等 4—偏重 5—严重
41	感到比不上他人	1—从无 2—很轻 3—中等 4—偏重 5—严重
42	肌肉酸痛	1—从无 2—很轻 3—中等 4—偏重 5—严重
43	感到有人在监视您、谈论您	1—从无 2—很轻 3—中等 4—偏重 5—严重
44	难以入睡	1—从无 2—很轻 3—中等 4—偏重 5—严重
45	做事必须反复检查	1—从无 2—很轻 3—中等 4—偏重 5—严重
46	难以做出决定	1—从无 2—很轻 3—中等 4—偏重 5—严重
47	怕乘电车、公共汽车、地铁或火车	1—从无 2—很轻 3—中等 4—偏重 5—严重
48	呼吸有困难	1—从无 2—很轻 3—中等 4—偏重 5—严重
49	一阵阵发冷或发热	1—从无 2—很轻 3—中等 4—偏重 5—严重
50	因为感到害怕而避开某些东西、场合或活动	1—从无 2—很轻 3—中等 4—偏重 5—严重
51	脑子变空了	1—从无 2—很轻 3—中等 4—偏重 5—严重
52	身体发麻或刺痛	1—从无 2—很轻 3—中等 4—偏重 5—严重
53	喉咙有梗塞感	1—从无 2—很轻 3—中等 4—偏重 5—严重
54	感到前途没有希望	1—从无 2—很轻 3—中等 4—偏重 5—严重
55	不能集中注意力	1—从无 2—很轻 3—中等 4—偏重 5—严重
56	感到身体的某一部分软弱无力	1—从无 2—很轻 3—中等 4—偏重 5—严重
57	感到紧张或容易紧张	1—从无 2—很轻 3—中等 4—偏重 5—严重
58	感到手或脚发重	1—从无 2—很轻 3—中等 4—偏重 5—严重
59	想到死亡的事	1—从无 2—很轻 3—中等 4—偏重 5—严重
60	吃得太多	1—从无 2—很轻 3—中等 4—偏重 5—严重
61	当别人看着您或谈论您时感到不自在	1—从无 2—很轻 3—中等 4—偏重 5—严重
62	有一些不属于您自己的想法	1—从无 2—很轻 3—中等 4—偏重 5—严重
63	有想打人或伤害他人的冲动	1—从无 2—很轻 3—中等 4—偏重 5—严重
64	醒得太早	1—从无 2—很轻 3—中等 4—偏重 5—严重
65	必须反复洗手、点数	1—从无 2—很轻 3—中等 4—偏重 5—严重
66	睡得不稳、不深	1—从无 2—很轻 3—中等 4—偏重 5—严重
67	有想摔坏或破坏东西的想法	1—从无 2—很轻 3—中等 4—偏重 5—严重
68	有一些别人没有的想法	1—从无 2—很轻 3—中等 4—偏重 5—严重
69	感到对别人神经过敏	1—从无 2—很轻 3—中等 4—偏重 5—严重
70	在商店或电影院等人多的地方感到不自在	1—从无 2—很轻 3—中等 4—偏重 5—严重

续表

序号	问题	选项
71	感到做任何事情都很困难	1—从无 2—很轻 3—中等 4—偏重 5—严重
72	感到一阵阵恐惧或惊恐	1—从无 2—很轻 3—中等 4—偏重 5—严重
73	感到在公共场合吃东西很不舒服	1—从无 2—很轻 3—中等 4—偏重 5—严重
74	经常与人争论	1—从无 2—很轻 3—中等 4—偏重 5—严重
75	单独一个人时神经很紧张	1—从无 2—很轻 3—中等 4—偏重 5—严重
76	别人对您的成绩没有做出恰当的评价	1—从无 2—很轻 3—中等 4—偏重 5—严重
77	即使和别人在一起也感到孤单	1—从无 2—很轻 3—中等 4—偏重 5—严重
78	感到坐立不安、心神不定	1—从无 2—很轻 3—中等 4—偏重 5—严重
79	感到自己没有什么价值	1—从无 2—很轻 3—中等 4—偏重 5—严重
80	感到熟悉的东西变成陌生或不像是真的	1—从无 2—很轻 3—中等 4—偏重 5—严重
81	大叫或摔东西	1—从无 2—很轻 3—中等 4—偏重 5—严重
82	害怕会在公共场合晕倒	1—从无 2—很轻 3—中等 4—偏重 5—严重
83	感到别人想占您的便宜	1—从无 2—很轻 3—中等 4—偏重 5—严重
84	为一些有关性的想法而很苦恼	1—从无 2—很轻 3—中等 4—偏重 5—严重
85	您认为应该因为自己的过错而受到惩罚	1—从无 2—很轻 3—中等 4—偏重 5—严重
86	感到要很快把事情做完	1—从无 2—很轻 3—中等 4—偏重 5—严重
87	感到自己的身体有严重的问题	1—从无 2—很轻 3—中等 4—偏重 5—严重
88	从未感到和其他人很亲近	1—从无 2—很轻 3—中等 4—偏重 5—严重
89	感到自己有罪	1—从无 2—很轻 3—中等 4—偏重 5—严重
90	感到自己的脑子有毛病	1—从无 2—很轻 3—中等 4—偏重 5—严重

附录6　压力放松训练指导

【放松训练的原理】

个体的情绪反应包含主观体验、生理反应和表情三部分。在生理反应中，除了受自主神经系统控制的"内脏内分泌"系统的反应不易随意操纵和控制外，受随意神经系统控制的"随意肌肉"反应则可由人们的意念来操纵。当人们心情紧张时，不仅主观上"惊慌失措"，连身体各部分的肌肉也变得紧张僵硬。当紧张的情绪松弛后，僵硬的肌肉还不能松弛下来，但可通过按摩、洗浴、睡眠等方式让其松弛。放松训练的基本假设是改变生理反应，主观体验也会随着改变。也就是说，经由人的意识可以放松"随意肌肉"，再间接地使主观体验松弛下来，建立轻松的心情状态。因此，放松训练就是训练来访者，使其能随意地把自己的全身肌肉放松，以便随时保持心情轻松的状态，从而缓解紧张焦虑等情绪。

【放松训练指导语】

"现在我们要做肌肉放松训练，这项放松训练可以帮助你完全地放松身体。首先，请把眼镜、手表、腰带、领带等妨碍身体充分放松的物品摘下来放在一边。你也可以把衣领的纽扣解开。请你坐在椅子上，把头和肩靠在椅背上，胳膊和手放在扶手或自己的腿上，双脚平放在地上，脚尖略微外倾，闭上双眼。这时你很放松地坐在椅子上，感到非常舒服。在下列步骤中，感到肌肉绷紧时，请你再持续这种状态5秒钟，直到肌肉绷紧的感觉进展到极点。当你想要放松时，请瞬间释放对肌肉的控制，感觉有关部位的肌肉松弛无力。注意，一定要用心体验彻底放松后的快乐感觉。"

"现在，让你体验一下肌肉紧张的感觉。"（指导者用手握着指导对象的手腕，并告诉指导对象）

"请用力弯曲你的前臂，与我的拉力形成对抗，体验肌肉紧张的感觉。"（持续10秒）

"好，请放松，尽量放松，体验感受上的差异。"（停5秒）

"这就是紧张与放松的基本体验，下面我将要使你全身的肌肉逐渐紧张和放松，从手部开始，依次是上肢、肩部、头部、颈部、胸部、腹部、臀部、下肢，直至双脚，顺次对各组肌群进行先紧张后放松的练习，最后达到全身放松的目的。"

"请跟着我的指示做。"

"深吸进一口气，保持一会儿。"（停10秒）

"好，请慢慢地把气呼出来，慢慢地把气呼出来。"（停5秒）

"现在我们再做一次，请你深深地吸进一口气，保持一会儿，保持一会儿。"（停10秒）

"好,请慢慢地把气呼出来,慢慢地把气呼出来。"

"现在,请伸出你的前臂,握紧拳头,用力攥紧,体验你手上紧张的感觉。"(停10秒)

"好,请放松,尽力放松双手,体验放松后的感觉,你可能感到沉重、轻松、温暖,这些都是放松的感觉,请你体验这种感觉。"(停5秒)

"我们现在再做一次。"(同上)

"现在,弯曲你的双臂,用力绷紧双臂的肌肉,保持一会儿,体验双臂肌肉的紧张。"(停10秒)

"好,现在放松,彻底放松你的双臂,体验放松后的感觉。"(停5秒)

"我们现在再做一次。"(同上)

"现在,请注意躯干部的肌群。"(停5秒)

"好,请往后扩展你的双臂,用力往后扩展,保持一会儿,保持一会儿。"(停5秒)

"好,放松,彻底放松。"(停5秒)

"我们再做一次。"(同上)

"现在,上提你的双臂,尽可能使双臂接近你的耳垂,用力上提。保持一会儿,保持一会儿。"(停10秒)

"好,放松,彻底放松。"(停5秒)

"我们再做一次。"(同上)

"现在,向内收紧你的双肩,用力内收。保持一会儿,保持一会儿。"(停10秒)

"好,放松,彻底放松。"(停5秒)

"我们再做一次。"(同上)

"现在,我们开始注意头部肌肉。"(停5秒)

"请皱紧额部的肌肉,皱紧,皱紧。保持一会儿,保持一会儿。"(停10秒)

"好,放松,彻底放松。"(停5秒)

"现在,请紧闭双眼,用力紧闭。保持一会儿,保持一会儿。"(停10秒)

"好,放松,彻底放松。"(停5秒)

"现在,转动你的眼球,从上,到左,到下,到右,加快速度,好,现在从相反方向转动你的眼球,加快速度,好,停下来。放松,彻底放松。"(停10秒)

"现在,咬紧你的牙齿,用力咬紧。保持一会儿,保持一会儿。"(停10秒)

"好,放松,彻底放松。"(停5秒)

"现在,用舌头用力顶住上腭。保持一会儿,保持一会儿。"(停10秒)

"好,放松,彻底放松。"(停5秒)

"现在,请用力将头向后压,用力。保持一会儿,保持一会儿。"(停10秒)

"好,放松,彻底放松。"(停5秒)

"现在,收紧你的下巴,用颈向内收紧。保持一会儿,保持一会儿。"(停10秒)

"好,放松,彻底放松。"(停5秒)

"现在,请向上抬起你的双腿,用力向上抬,弯曲你的腰,用力弯曲。保持一会儿,保持一会儿。"(停10秒)

"好,放松,彻底放松。"(停5秒)

"我们再做一次。"(同上)

"现在,请紧张臀部肌肉,会阴部用力上提,用力。保持一会儿。"(停10秒)

"好,放松,彻底放松。"(停5秒)

"我们再做一次。"(同上)

"现在,开始放松大腿部的肌肉。"(停5秒)

"请用脚跟向前向下紧压,绷紧大腿肌肉。保持一会儿,保持一会儿。"(停10秒)

"好,放松,彻底放松。"(停5秒)

"我们现在再做一次。"(同上)

"现在,开始练习如何放松双脚。"(停5秒)

"好,紧张你的双脚,脚趾用力绷紧,用力绷紧。保持一会儿。"(停5秒)

"好,放松,彻底放松你的双脚。"(停5秒)

"我们现在再做一次。"(同上)

"现在开始放松小腿部的肌肉。"(停5秒)

"请将脚尖用劲向上翘,脚跟向下向后紧压,绷紧小腿部的肌肉。保持一会儿,保持一会儿。"(停5秒)

"好,放松,彻底放松。"(停5秒)

"我们现在再做一次。"(同上)

(以上放松训练,休息2分钟后,重新做一遍)

结束语:"这就是整个放松过程。现在,请感受你身上的肌群,从下向上,全身每一组肌肉都处于放松状态。你的脚趾、脚部、小腿、大腿、臀部、腰部、胸部、双手、双臂、肩部、颈部、下颌、眼睛、额部。最后你身体的全部肌肉都处于放松状态。"(停5秒)

"请进一步注意放松后的感觉,此时你有一种温暖、愉快、舒适的感觉,将这种感觉尽量保持1~2分钟。然后我从一数到五,当我数到五时,你睁开双眼,会有一种平静、安详、舒适、愉快、精神焕发的感觉。"(停5秒)

"好,我开始计数:一感到平静;二感到非常安详平静;三感到舒适愉快;四感到精神焕发;五请睁开双眼。"

参考文献

[1] 陈露晓. 老年人的生死心理教育[M]. 北京：中国社会出版社，2009.

[2] 成彦. 社会心理学基础[M]. 北京：北京师范大学出版社，2017.

[3] 程玉莲，余安汇. 护理学基础[M]. 北京：人民卫生出版社，2016.

[4] 戴维·波普诺. 社会学[M]. 李强，等，译. 北京：中国人民大学出版社，2007.

[5] 高云鹏，胡军生，肖健. 老年心理学[M]. 北京：北京大学出版社，2013.

[6] 侯玉波. 社会心理学[M]. 4版. 北京：北京大学出版社，2018.

[7] 黄希庭，郑涌. 心理学导论[M]. 3版. 人民教育出版社，2015.

[8] 蒋小剑，李世胜. 护理心理学[M]. 长沙：中南大学出版社，2011.

[9] 蒋玉芝. 老年人心理护理[M]. 北京：北京师范大学出版社，2015.

[10] 马晓风，董会龙. 老年人心理护理[M]. 北京：海洋出版社，2017.

[11] 李欣. 老年心理维护与服务[M]. 北京：北京大学出版社，2013.

[12] 尚少梅，李小寒. 基础护理学[M]. 6版. 北京：人民卫生出版社，2017.

[13] 林崇德. 发展心理学[M]. 2版. 杭州：浙江教育出版社，2019.

[14] 刘婕. 护理心理学基础[M]. 北京：中国医药科技出版社，2018.

[15] 孟宪武. 临终关怀[M]. 天津：天津科学技术出版社，2002.

[16] 彭聃龄. 普通心理学[M]. 5版. 北京：北京师范大学出版社，2018.

[17] 史宝欣. 临终护理[M]. 北京：人民卫生出版社，2010.

[18] 施永兴. 临终关怀学概论[M]. 上海：复旦大学出版社，2015.

[19] 申丽静，杜成旭. 老年护理学[M]. 郑州：郑州大学出版社，2011.

[20] 宋岳涛，刘运湖. 临终关怀与舒缓治疗[M]. 北京：中国协和医科大学出版社，2014.

[21] 孙颖心. 老年心理学[M]. 北京：经济管理出版社，2007.

[22] 孙颖心，齐芳. 老年人心理护理[M]. 北京：中国劳动社会保障出版社，2014.

[23] 王明旭，赵明杰. 医学伦理学[M]. 5版. 北京：人民卫生出版社，2018.

[24] 余运英. 老年心理护理[M]. 北京：机械工业出版社，2017.

[25] 张志杰，王铭维. 老年心理学[M]. 重庆：西南师范大学出版社，2015.

[26] 张伯源. 变态心理学[M]. 北京：北京大学出版社，2020.

[27] 张春兴. 现代心理学[M]. 上海人民出版社，2010.

[28] 陈立新，姚远. 老年人应对方式和心理健康关系的研究. 中国人口科学，2005(4)：88-94.

[29] 陈淑君,卞燕.临终关怀过程中的家属护理[J].现代护理,2006,12(2):122-123.

[30] 邓平平.我国临终关怀的现状及困境[J].开封教育学院学报,2019(08):284-285.

[31] 高彩霞,张利宁,郭小平.心理疏导和精神护理对老年抑郁症患者SAS、SDS评分及护理满意度的影响[J].检验医学与临床,2018(2):220-222.

[32] 高狄.人格特征对老年人心理健康的影响[J].吉林省教育学院学报,2008(24):86.

[33] 侯玉波.人格与社会心理因素对老年人健康的影响[J].北京大学学报(自然科学版),2000,9(5):719-724.

[34] 何平,苟小华.ICU临终病人及家属的护理[J].天津护理,2001,9(6):304.

[35] 纪竞垚,代丽丹.中国老年人的老化态度：基本状况、队列差异与影响因素[J].南方人口,2018(148):57-70.

[36] 姜敏敏,谭磊,房亚明.自理能力、老化态度对老年人幸福感的影响[J].中国老年学杂志,2018(38):1230-1233.

[37] 李宇峰.老年人言语交际态度研究[J].东北大学学报(社会科学版),2018(20):532-538.

[38] 李雪丽.老年空巢综合征的相关因素及护理干预[J].广东医学,2010(31):919-920.

[39] 廖秀英,谢静.心身疾病10例的心理护理观察[J].内科,2010(1):107-108.

[40] 刘立.21世纪人人享有卫生保健[J].江苏卫生保健,1999(3):116.

[41] 刘晓虹.心理护理的基本要素及其作用[J].实用护理杂志,1997(13):489-490.

[42] 芦鸿雁,王莉.老年人日常健康行为与健康心理控制源、自我效能感[J].中国老年学杂志,2014(17):4997-4998.

[43] 罗利.老年人格和情绪调节对情绪的影响—性别的调节作用[J].内江师范学院学报,2018(6):1-6.

[44] 孟长治.心理危机干预六步法案例探析[J].北京劳动保障职业学院学报,2018(12):46-49.

[45] 庞云燕.社区老年人心理健康状况调查及影响因素分析[J].继续医学教育,2017(31):156-157.

[46] 宋桂云,刘宇.老年慢性病病人的自我感受负担与抑郁情绪的相关性研究[J].护理研究,2012.26(18):1650-1652.

[47] 孙灯勇,郭永玉.自我概念研究综述[J].赣南师范学院学报,2003(2):36-39.

[48] 孙金明,时玥.老年人自我老化态度与子代支持行为的关系[J].中国心理卫生杂志,2018(32):55-57.

[49] 唐丹,陈章明.相同生活背景下老年人心理健康的性别差异及年龄相关变化[J].中国老年学杂志,2011(31):118-121.

[50] 唐丹,燕磊,王大华.老年人老化态度对心理健康的影响[J].中国临床心理学杂志,2014(22):159-162.

[51] 王道平,许静.临终病人及其家属的心理反应及护理对策[J].安徽中医临床杂志,2000,12(5):440-441.

[52] 王翠英.临终关怀人文护理模式的构建[J].河南医学研究,2008(3):281-285.

[53] 王学碧,段亚平,罗永红.心身疾病患者的心理护理[J].贵阳中医学院学报,2007,29(5):57-58.

[54] 吴梦婷,姜雯雯,赵明明,邓铸.老化态度对老年人情绪识别和记忆影响的研究[J].心理研究,2018,11(6):500-506.

[55] 肖旭.角色冲突的协调及角色适应的基本原则[J].四川心理科学,2001(4):4-5.

[56] 许丽遐.心身疾病的心理学病因及其预防[J].石家庄职业技术学院学报,2010(22):53-55.

[57] 杨晓庆,苟博,杨中洋,等.成都市退休老人自我价值感现状调查[J].现代预防医学,2015.42(3):485-494.

[58] 张蓉,宋富强,汤霄,田丽娟,郭文琼.心身疾病的心理护理方法[J].全科护理,2015(7):593-594.

[59] 张录凤.临终患者家属的心理反应[J].中国临床康复,2005,9(20):224.

[60] 朱晶.自我的整合与发展:老年期的一项重要任务[J].社会心理科学,2014(22):24-28,37.